(a)

(b)

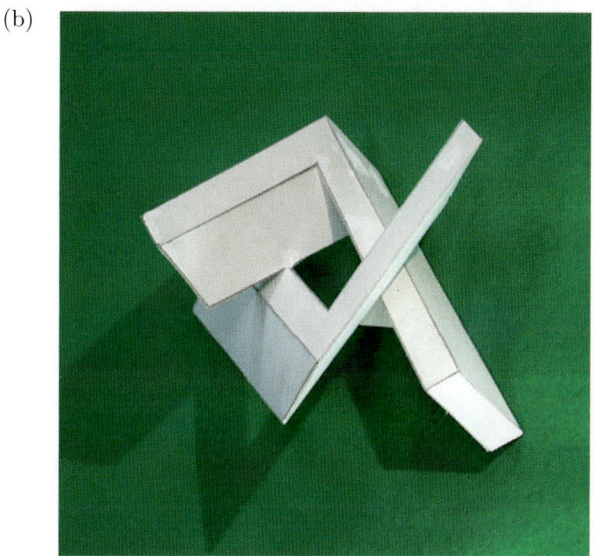

口絵 1　図 8.8（本文 110 ページ）

(a)

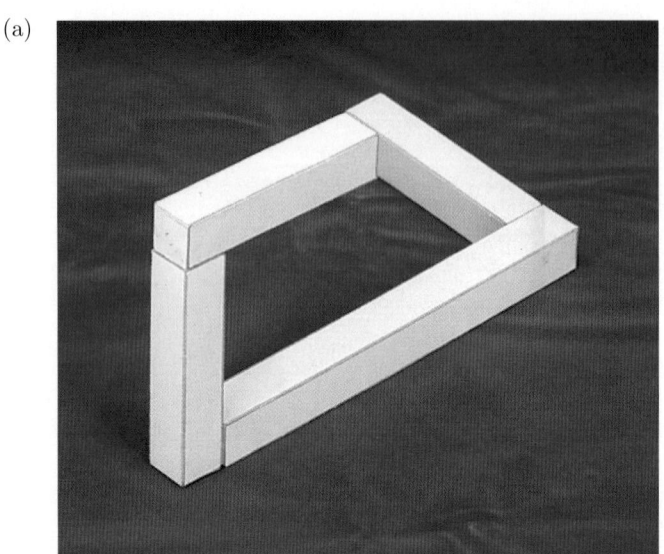

(b)

口絵 2　図 8.15（本文 115 ページ）

(a)

(b)

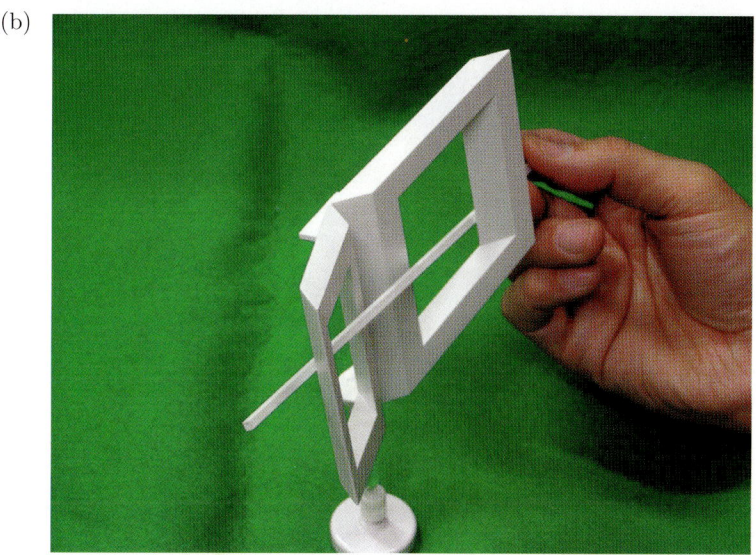

口絵 3　図 9.9（本文 128 ページ）

(a)

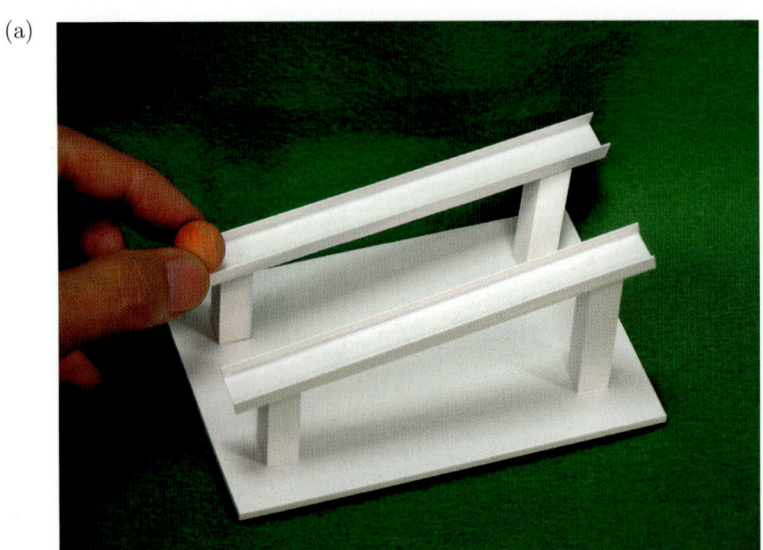

(b)

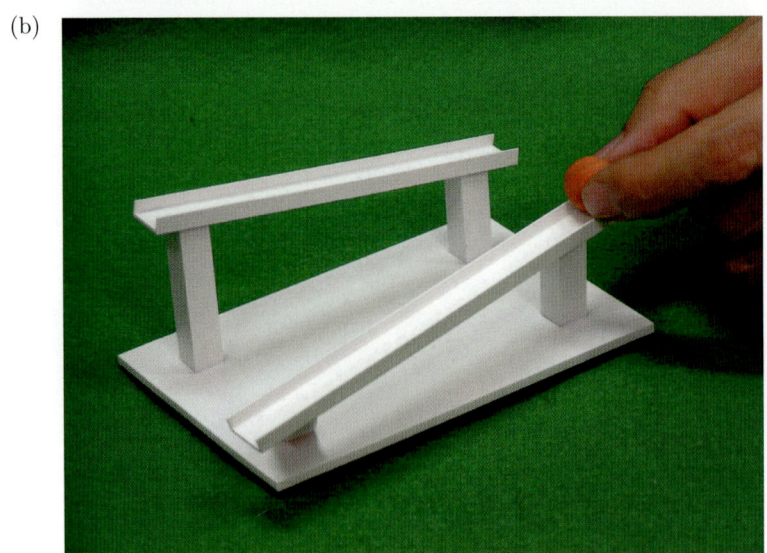

口絵 4　図 9.11（本文 130 ページ）

立体イリュージョンの数理

Mathematics in 3D Visual Illusion

杉原厚吉 著

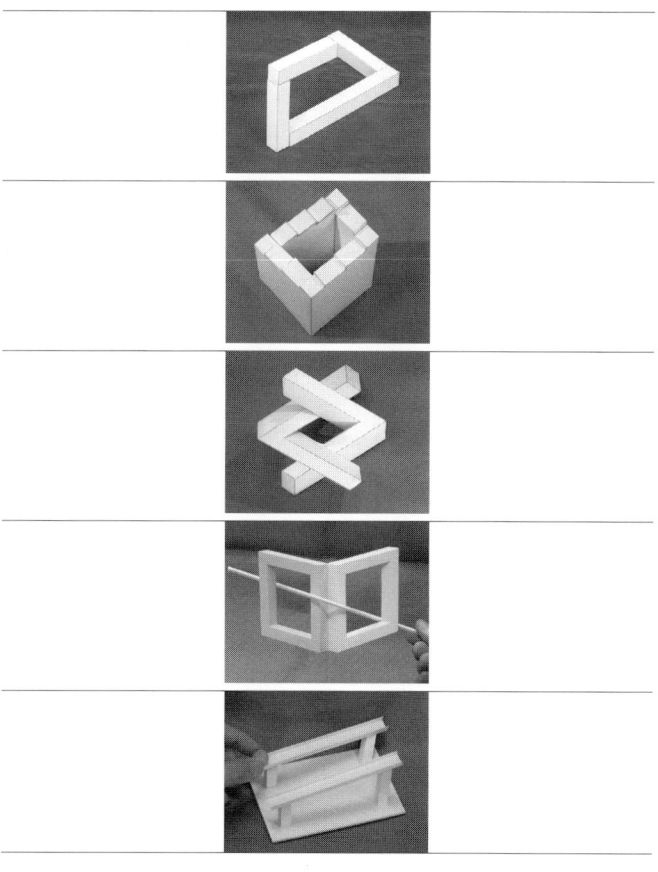

共立出版

まえがき

　この本は，あり得ない構造が描かれているかのように感じるだまし絵や，ものの形を実際とは違ったように感じる錯覚などの立体知覚にかかわるイリュージョンを，数理的な視点から眺めようとするものである．

　イリュージョンとは，そこにないものをあると感じる現象のことで，日本語では「幻影」とか「幻覚」とか「錯覚」などとよばれる．特に，視覚にかかわるイリュージョンは「錯視」ともよばれる．そして，その語感からは，イリュージョンは異常で病理的な現象であって，特殊な環境においてのみ現れるものだと思われがちである．確かにイリュージョンの中には，これが自分の視覚能力の限界なのかと，その異常さに驚き，自信をなくすようなものも多い．でも，そういうものばかりではない．日常生活の中で，私たちが普通に体験するありふれたイリュージョンもある．

　たとえば旅行先で撮った写真のアルバムを眺める場合を考えてみよう．1枚1枚の写真は，物理的には薄っぺらい紙である．にもかかわらず，私たちは，そこに写っている風景や人物を生き生きと知覚することができ，旅の思い出にふけることができる．このとき，私たちはそこにないものをあるように感じているのであって，これはまぎれもなくイリュージョンである．同じようなイリュージョンは，絵画を見たり，映画を見たり，テレビを見たりするときにも生じる．このように，イリュージョンは私たちの身の回りにあふれている．

　すでにイリュージョンに関する本はたくさんあるが，そこでは，錯覚に関する視覚心理学的知見に基づいて議論が進められることが多い．そのため，おのずと錯覚という異常なイリュージョンに焦点が合わされることになり，日常的なイリュージョンの方は忘れられがちであった．このことも，イリュージョンは異常なものだという常識を助長してきたのかもしれない．

　一方，この本では，眼の機能をコンピュータに代行させようとするコンピュー

タビジョンの研究分野から，イリュージョンが生じる仕組みを数理的に眺めようとする．ここでは，形の情報が光に乗って眼に届くまでの幾何学が，その出発点となる．この幾何学の視点からイリュージョンを眺めると，異常なイリュージョンも日常的なイリュージョンも同じ原理に従って生じていることがよくわかる．イリュージョンには，異常なものと日常的なものの 2 種類があるのではなくて，一つの原理に基づいたイリュージョンが，ある場面では異常な現象に見え，別の場面では日常的な現象に見えるだけである．これら二つのイリュージョンの間は，連続につながっている．

このように，光に乗って形の情報が目に届くまでの幾何学という数理的構造を手がかりとすることによって，見かけの異なる種々のイリュージョンを統一的に眺めて整理することができる．これを実際にやってみようというのが，この本の第一の目的である．

数理という道具を用いることの利点は，見かけの異なる現象を統一的に眺めることができることだけではない．今までにない状況において何が起こるかを予測することもできる．このことを利用して，新しい立体イリュージョンを創作することもできる．実際に，数理的原理とコンピュータを利用して著者自身が創作したイリュージョンを紹介し，その応用についても議論したい．これが，この本の第二の目的である．

この本で着目する立体イリュージョンの数理的原理とは，ひと言でいうと，光が直進すること，および，同一の投影図をもつ立体は無限に多く存在することの二つである．たったこれだけの原理から，多様なイリュージョンが統一的に説明できると同時に，新しい立体イリュージョンも創作できる．私自身が創作した立体の例は，口絵でも紹介してある．このような数理の威力と多産さを楽しんでいただければ幸いである．

私のなぐり書きの原稿をきれいに整理して下さった金崎千春さん，筆の遅い私をやさしく叱咤激励して下さった共立出版の小山透氏，初稿にたくさんのコメントをいただいた東京大学数理情報学専攻大学院生黒木裕介君に感謝の意を表します．

2006 年 1 月

杉原 厚吉

目 次

第1章　遠近法
- 1.1　遠近法の原理 *1*
- 1.2　遠近法作画装置 *5*
- 1.3　遠近法の基本的性質 *9*

第2章　遠近法と射影幾何学
- 2.1　平面上の点パターンとその投影像 *19*
- 2.2　線束と同次座標 *22*
- 2.3　視点の変更に伴う変換 *23*
- 2.4　射影空間と射影変換 *28*

第3章　立体視の三つの原理
- 3.1　両眼立体視 *37*
- 3.2　運動立体視 *42*
- 3.3　単眼立体視 *49*
  - 3.3.1　既知の形の見かけの歪みからの傾きの復元 *50*
  - 3.3.2　模様の密度差からの傾き拘束 *52*
  - 3.3.3　明るさの濃淡分布からの傾き拘束 *52*

第4章　遠近法と錯視
- 4.1　遠近法がもたらす距離感覚 *55*
- 4.2　奥行きを誇張する舞台演出 *59*
- 4.3　マジックロード *63*

第5章　視点のマジック

- 5.1　奥行き感の喪失 65
- 5.2　実際より広く見せる写真術 68
- 5.3　アナモルフォーズ 71
- 5.4　多数で見る絵——非平面的絵画 73

第6章　凹凸逆転の術

- 6.1　遠近をあざむく立体 77
- 6.2　凹凸をあざむく照明 81

第7章　不可能物体の描き方

- 7.1　不可能物体 85
- 7.2　頂点辞書 87
- 7.3　不可能物体の典型的な描き方 94

第8章　不可能物体の作り方

- 8.1　立体の実現可能性 99
- 8.2　線形計画問題への帰着 105
- 8.3　不可能物体は本当に作れないのか？ 108
- 8.4　作れるのになぜ不可能物体なのか？ 113
- 8.5　もう一つの立体実現法 114

第9章　不可能な物理現象の創作

- 9.1　立体復元の自由度 117
- 9.2　自由度の分布と多面体の分解 121
- 9.3　立体の自由度を利用したイリュージョン 125
- 9.4　エイムズの部屋 130

第10章　両眼立体視とイリュージョン

- 10.1　ステレオグラム 135
- 10.2　ランダムドットステレオグラム 137

10.3　立体視支援装置 *139*
　　10.4　1枚の絵によるステレオグラム *143*

第11章　運動立体視とイリュージョン
　　11.1　オプティカルフローの不確定性 *149*
　　11.2　ストロボスコープ *152*

第12章　鏡のマジック
　　12.1　透明イリュージョン *159*
　　12.2　鏡による光の反射 *162*
　　12.3　コーナーミラー *166*
　　12.4　ロバストな角度変更ミラーについて *170*
　　12.5　ハーフミラー *173*

参考文献 *177*

索　　引 *179*

第1章　遠近法

　3次元の世界の状況を2次元の平面に描写することは，大昔の人々にとっては，芸術的なひらめきによって初めて可能となる不思議な技法であったであろう．一方，現代では，これはカメラでフィルムに投影するという物理現象を利用して誰にでもできる技術であると理解されている．この大昔から現代への変化の一つの節目が，遠近法という描画技術の認識であろう．これによって，外の世界をありのままに描写することが，芸術的ひらめきから誰にでもできる技術へと変わった．まず，この遠近法を復習することから，見るとはどういうことなのかを考えていこう．

1.1　遠近法の原理

　絵は，音楽や言語と同じように，人類の偉大な発明である．そして，その起源は，スペインのアルタミラ洞窟に残されている壁画からもわかるように，気が遠くなるほど古い昔にさかのぼる．しかし，1点から外の世界を見たときの物の位置関係を忠実に画面に再現する遠近法が，描画技術として客観的に認識され定着したのは，今からわずか数百年前のイタリア・ルネサンスの時代である．それ以前は，絵というと，人や物がシンボルとして形に表され配置された平面的なものが多かった．したがって，遠景を遠のかせ，近景を浮かび上がらせる遠近法の絵は，当時の人々にとっては，驚きであったに違いない．今では，カメラが普及し，遠近法と同じ原理で撮影された画像が身の回りにあふれているため，遠近法で描かれた絵を私たちは不思議なものとは思わない．しかし，当

時の人々にとって遠近法は，平面の中に奥行きを生み出すマジックであり，人の眼をだますイリュージョンと思われたことだろう（黒田 1992，小山 1998）．

遠近法は，江戸時代の後半に日本にも伝えられ，室内や市井風景を表す浮世絵の構図などに取り入れられた．そしてその絵は，「浮き絵」，「へこみ絵」などとよばれた（横地 1995）．この名称からも，当時の人々が，遠景がへこんだり近景が浮き出たりする遠近法の視覚効果に驚いた様子が察せられる．

この章では，遠近法の原理とその性質についてまとめる．これらは，この本の主題である立体イリュージョンを数理的にとらえるための基本的道具であり，ほとんどすべての章で必要となるものである．

遠近法の目的は，私たちが絵の前に立ったとき，もとの世界に立ったときと同じに見えるように，物の形と配置をカンバスに写しとることである（ホーエンベルグ 1969）．

そのために，まず，描きたい外の世界に対して目の位置を固定する．人の目は二つあるが，これを1点とみなす．このことは，片方の目をつむって，残りの一つの目だけで外の世界を眺めることと解釈してもよい．あるいは，右目と左目の距離は，目から外の世界までの距離と比べて十分に小さく，したがって，左右の目の中心あたりから外の世界を眺めることと解釈してもよい．このように1点とみなした目の位置を，以下では**視点** (viewpoint) とよぶ．

次に，外の世界を写しとるための**カンバス** (canvas) を，描きたいものと視点の間に置いて，やはりしっかり固定する．ここでは説明をわかりやすくするために，カンバスは仮りに透明なガラス板でできているとしよう．このガラス板は十分に薄くて厚みが無視できるものとしよう．そして，このガラス板を含む平面を，以下では**投影面** (plane of projection) とよぶ．また，視点と投影面の対を，**観測システム** (observer system) という．

その結果，描きたい外の世界と視点とカンバスと投影面は，図1.1のような配置となる．カンバスは有限の大きさをもつ板で，特にことわらない限り長方形であるとしよう．一方，投影面は，頭の中で想像できるだけで実際に触ったりはできない無限にひろがった平面である．さらに，視点は投影面には含まれないと仮定する．以上で道具立ては終わった．

視点から，ガラスのカンバスを通して外の世界を眺めることができる．このとき，見える位置が一致するように外の世界をガラス板に写しとればよい．こ

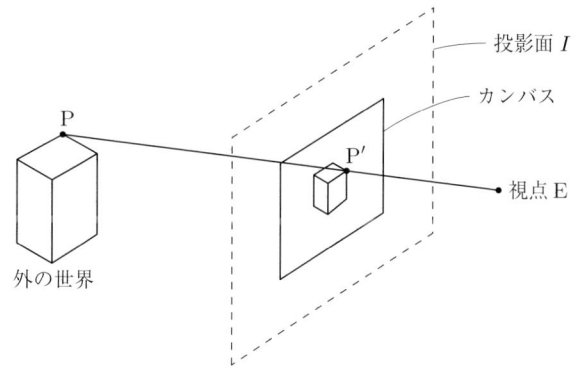

図 1.1 遠近法における外の世界とカンバスと視点.

れが**遠近法** (perspective) とよばれる描画技法である．

念のために，この手続きを幾何学の言葉を使って言い直しておこう．視点をE，投影面をIと名づける．描きたい外の世界の1点をPとし，PとEを結ぶ直線が投影面Iと交わる点をP'とする．光は直進するから，Pから視点Eに届く光は，P'においてガラスのカンバスIを通過する．したがって，遠近法では，外の世界の点Pは，カンバス上の点P'に描かれる．点Pが外の世界を動くとき，対応するP'はカンバス上を動く．これによって，外の世界の各点を投影面上の点へ対応させることができる．この対応を，Eを**投影中心** (center of projection) とし，Iを投影面とする**中心投影** (central projection) という．遠近法とは，この中心投影によって外の世界をカンバスへ写しとることにほかならない．遠近法を用いて描いた絵のことを**中心投影図**ともよぶ．また，遠近法を用いて絵を描くことを，外の世界をカンバスへ**投影する** (project) といい，そのときカンバスに写しとった形を，そのものの**投影像** (projected image)，あるいは略して**像** (image) という．さらにEからPへ向けて伸ばした半直線を**視線** (ray of projection) という．

Eを投影中心とし，Iを投影面とする点Pの投影像P'を$I_E(P)$で表すことにする．また，前後関係から視点がEであることが明らかな場合には，$I_E(P)$を$I(P)$とも略記する．

遠近法の手続きを数式でもまとめておこう（杉原 1995, 金谷 1998）．3次元

空間に xyz 直交座標系が固定されているとする．座標 (x,y,z) をもつ点を，原点を始点としその点を終点とする列ベクトル $(x,y,z)^{\mathrm{t}}$ で表す．ただし，t は転置を表す．すなわち，成分を横に並べた行ベクトル (x,y,z) に対して，$(x,y,z)^{\mathrm{t}}$ は成分を縦に並べた列ベクトルを表す．以下では，点の位置ベクトルは，このような列ベクトルで表すものとする．

図 1.2 に示すように，xy 平面を投影面とし，点 $\mathrm{E}=(e_x,e_y,e_z)^{\mathrm{t}}$ を投影中心とする．ただし，$e_z>0$ とする．すなわち，z 座標の値が正である 1 点 E に視点を置き，z 軸負方向を眺めて，xy 平面上に置かれたカンバスに $z<0$ の領域にある外の世界を写しとろうとする．

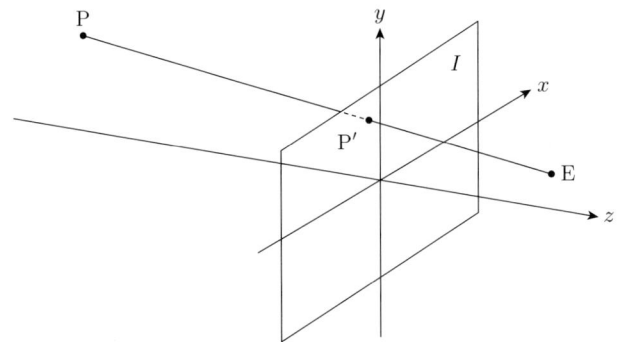

図 1.2 xy 平面を投影面とする遠近法．

外の世界の 1 点 P を $\mathrm{P}=(x,y,z)^{\mathrm{t}}$ とする．直線 EP は，点 E を通り，ベクトル $\overrightarrow{\mathrm{EP}}=(x-e_x,y-e_y,z-e_z)^{\mathrm{t}}$ に平行であるから，直線 EP 上の一般の点 $(X,Y,Z)^{\mathrm{t}}$ は，t をパラメータとして

$$\begin{pmatrix} X \\ Y \\ Z \end{pmatrix} = \begin{pmatrix} e_x \\ e_y \\ e_z \end{pmatrix} + t \begin{pmatrix} x-e_x \\ y-e_y \\ z-e_z \end{pmatrix} \tag{1.1}$$

と表すことができる．この直線と xy 平面との交点を $(x',y',z')^{\mathrm{t}}$ とし，その点に対応する t の値を t^* とする．このとき

$$\begin{pmatrix} x' \\ y' \\ z' \end{pmatrix} = \begin{pmatrix} e_x \\ e_y \\ e_z \end{pmatrix} + t^* \begin{pmatrix} x - e_x \\ y - e_y \\ z - e_z \end{pmatrix} \tag{1.2}$$

となる．$z' = 0$ であるから，(1.2) の第3式より，t^* は $e_z + t^*(z - e_z) = 0$ を満たす．すなわち，$t^* = -e_z/(z - e_z)$ となる．この値を式 (1.2) に代入すると

$$\begin{pmatrix} x' \\ y' \\ z' \end{pmatrix} = \begin{pmatrix} (e_x z - e_z x)/(z - e_z) \\ (e_y z - e_z y)/(z - e_z) \\ 0 \end{pmatrix} \tag{1.3}$$

を得る．これが点 P の投影像 $P' = I_E(P)$ の位置ベクトルである．

遠近法において，視点 E を無限遠方に置いた特別の場合は，視線が互いに平行になるために，**平行投影** (parallel projection) とよばれる．視点をベクトル $(e_x, e_y, e_z)^t$ に平行な方向の無限遠方に置く場合を考えよう．原点からこのベクトルの方向に伸ばした半直線上の点は，パラメータ s を用いて $(e_x s, e_y s, e_z s)^t$ と表せる．これを式 (1.3) の $(e_x, e_y, e_z)^t$ の代わりに代入して s を無限大とする極限をとると

$$x' = \lim_{s \to \infty} \frac{e_x s z - e_z s x}{z - e_z s} = -\frac{e_x z - e_z x}{e_z}, \tag{1.4}$$

$$y' = \lim_{s \to \infty} \frac{e_y s z - e_z s y}{z - e_z s} = -\frac{e_y z - e_z y}{e_z} \tag{1.5}$$

となる．これが，ベクトル $(e_x, e_y, e_z)^t$ 方向の無限遠方に視点を置いた場合の平行投影でできる像の位置である．

特に $e_x = e_y = 0$ とおいた場合の平行投影は**垂直投影** (orthographic projection) とよばれる．この名称は，視線が投影面に垂直になることからきている．垂直投影の場合の P とその像の関係は，式 (1.4) と (1.5) において $e_x = e_y = 0$ とおくことによって得られる．すなわち，$x' = x$, $y' = y$ である．

1.2　遠近法作画装置

前節では遠近法の原理を説明するために，カンバスをガラス板でできたものと仮定した．しかし，実際のカンバスは布や紙でできており，ガラス板のように透明ではない．したがって，光の通り道を目で見ることはできない．そのた

め，遠近法に従って絵を描くためには工夫がいる．それを実現するのが遠近法作画装置である．ここではその基本構造を紹介しよう．これは，ドイツの画家デューラー (Albrecht Dürer, 1471–1528) の版画の中に描かれている装置に基づくものである．

　遠近法作画装置とその使用法を，図 1.3 に模式的に示した．壁に取り付けたフックの位置を視点 E とみなし，そこにひもを結びつける．カンバスの位置を示す窓枠 ABCD を机の上に垂直に立てて固定する．実際のカンバス I は，窓枠の垂直な一辺 AB に沿って蝶番（ちょうつがい）で取り付ける．その結果，カンバスは，AB を軸として回転でき，窓枠と重ねることもできるし，窓枠から離すこともできる．図 1.3 では，カンバスは窓枠からは離れた位置にある．

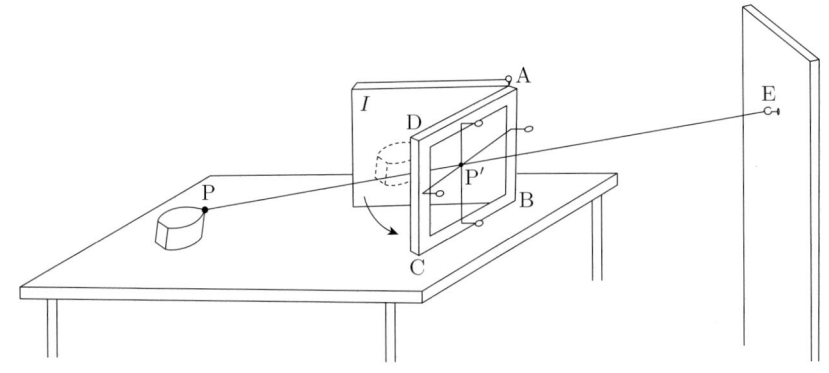

図 **1.3**　デューラーの遠近法作画装置．

　この状態で机の上に被写体を置き，その 1 点 P まで，視点 E に結びつけたひもをピンと張る．このひもが，P から視点に届く光の進路を示す．この進路と，窓枠に重ねたときのカンバスとの交点 P′ を求めたい．そのために，さらに，2本のひもを P′ で交差するようにピンと張って窓枠の 4 辺のそれぞれにピンで止める．次に E から P へ張ったひもをゆるめて取り除いてから，カンバスを回転させ，窓枠 ABCD に重ねる．そして 2 本のひもの交点位置 P′ をカンバスへ写しとる．点 P を被写体表面で移動させながら同様の手続きをくり返すことによって，遠近法による描画位置を決定することができる．

　このように，不透明なカンバスは窓枠で置き換え，光の進路はひもで置き換

えることによって，遠近法による作画を実現できる．しかし，これを実際に行うためには，気の遠くなるような作業のくり返しが必要であり，遠近法を利用することは，それほど簡単なことではなかっただろうと想像される．しかも，この方法は，視点からひもを張ることのできる近くのものに対してしか適用できない．風景などの遠くのものに対しては無力である．

しかし，形に敏感な画家たちにとっては，このような装置の使用経験を重ねるうちに，遠近法とはどのようなものなのかを次第に体得でき，そのうち風景に対しても，普通に見ながらカンバスに写生するだけで，遠近法による描画ができるようになっていったものと思われる．

一方，現代の私たちにとっては，もっと便利な遠近法作画装置がある．それは，カメラである．遠近法に最も忠実なカメラはピンホールカメラとよばれるものであるが，その構造は図1.4に示すとおりである．このカメラでは，視点Eはピンホールとよばれる小さな穴に置き換えられる．一方，本来は被写体と視点の間に置かれるべきカンバスIは，Iとは視点Eに関して点対称な位置の感光フィルムI'に置き換えられる．

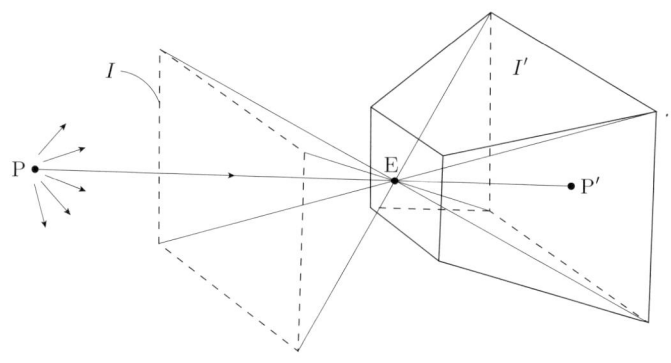

図 **1.4** ピンホールカメラ．

デューラーの作画装置では，被写体の点Pから視点に届く光の進路は，ひもを張ることによって決定された．一方，カメラでは，実際にPから出る光を利用する．しかし，Pからはいろいろな方向に光が出ている．そのうちEに届く光だけをとらえたいので，Eにピンホールを設けてそこを通過する光だけをフィ

ルム面に定着させる．その結果，I' を E に関して点対称な位置 I に（フィルムの上下をひっくりかえしてさらに裏返した上で）置いた場合と，幾何学的には同じ位置に像が写されることになる．

このピンホールカメラは，明治の時代には実際に使われていた．理論上は視点 E は 1 点でなければならない．だからピンホールもできるだけ小さい穴であることが望ましい．この穴が大きいと，P から別の方向へ出た光も穴を通過することになって像がぼける．しかし，穴を小さくすると，そこを通過する光の量が減る．したがって，十分な光が感光フィルムに届くまでには長い時間がかかる．実際に，ピンホールカメラで肖像写真を撮るときには，何分間も動かずにじっと立っていなければならなかった．

現代のカメラでは，フィルム面に届く光の量を増やすために，ピンホールの代わりに，もっと大きな穴が開けてある．そして，その大きな穴には，ピンホールと同じ効果をもたせるためにレンズが埋め込まれている．その結果，短い時間のうちに十分な光量がフィルム面に届くようになり，1 秒の何十分の 1 というシャッタースピードで撮影しても，十分に明るい画像が得られる．

ただし，レンズとピンホールは全く等価というわけではない．それぞれのレンズには焦点距離という量が決まっており，それと，レンズとフィルム面との距離に応じて，ある特定の距離にある被写体に対してだけレンズはピンホールと同様の振舞いをする．したがって，現代のカメラでは，撮影の前に被写体にピントを合わせるという操作が必要なのである．

デューラーの遠近法作画装置と現代のカメラとの中間に位置するものとして，ウイリアム・ウラストン (1766–1828) の**カメラ・ルシダ**とよばれる装置がある．この原理を模式的に示したのが図 1.5 である．この図は，状況を上から見下ろした形式で描いてある．図のように，垂直に立てた 2 枚の鏡を 45 度だけ折れた状態で接続する．描きたい外の風景は右側にあるとする．右から入ってきた光は図の実線の矢印で示すように，2 枚の鏡で順に反射して目で見るのぞき穴に届く．

ただし，2 枚目の鏡は，ハーフミラーとよばれる半透明の鏡で作られている．これは鏡の機能をもつと同時に鏡の裏側から届く光もそのまま素通りさせる性質ももつものである．のぞき穴から見て正面に当たるハーフミラーの裏側にカンバスを固定する．のぞき穴からのぞくと，ハーフミラーで反射した外の世界

1.3 遠近法の基本的性質　9

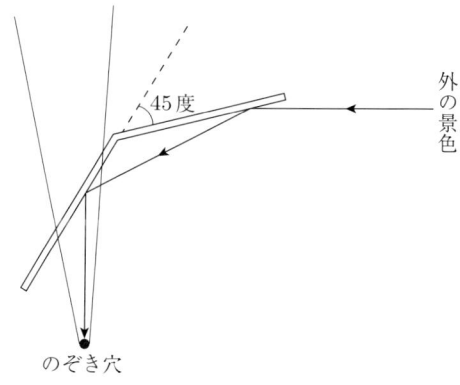

図 1.5　ウラストンのカメラ・ルシダ．

とハーフミラーを素通りしたカンバスとが同時に見える．そこで，筆をとって，見えている外の世界をカンバスに写しとることができる．

この装置で鏡を1枚ではなくて2枚使っているのには理由がある．1枚の鏡で外の世界を反射させると，向きが逆転する．すなわち，右手系の座標系が左手系の座標系へ移る．この左右の逆転を打ち消すために，もう一度鏡で反射させているのである．これによって左右の反転のない見たとおりの外の世界をカンバスに写しとることができる．

1.3　遠近法の基本的性質

イリュージョンの考察に入る前に，遠近法およびそれによって描かれた絵の基本的性質をまとめておこう．ここでまとめる性質は，次章以下の議論で必要なものである．

まず，外の世界が単純な形をしている場合に，その形と絵の中の像との関係を調べよう．図1.6に示すように，外の世界が，視点を含まない1本の直線から成り立っているとする．このとき，この直線の像は，この直線と視点Eを含む平面と投影面との交線となる．したがって，像も直線である．このことをまとめておこう．

性質 1.1（直線の像）　視点を通らない直線の遠近法による像は直線である．

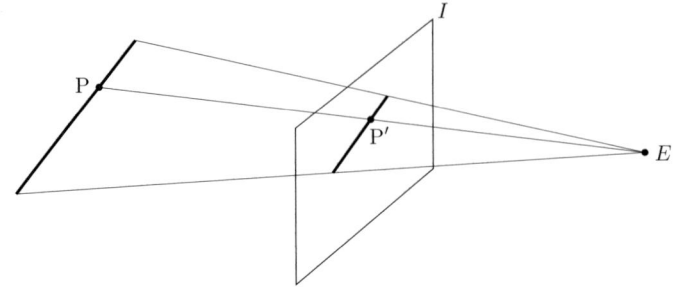

図 **1.6** 1本の直線とその像.

次に，図1.7に示すように，外の世界に一組の平行線群 G があり，それを視点 E から眺めて投影面 I へ投影したとしよう．1本1本の直線の像は直線だから，G の像は直線群となる．

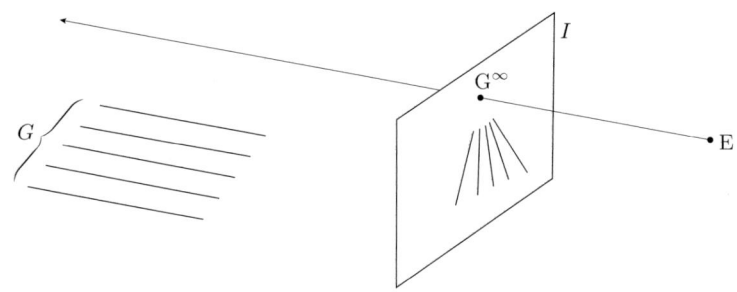

図 **1.7** 平行線群とその像.

$\boldsymbol{v} = (v_x, v_y, v_z)^{\mathrm{t}}$ を，G に平行なベクトルとする．G に属す直線の一つが点 $\mathrm{A} = (a_x, a_y, a_z)^{\mathrm{t}}$ を通るとしよう．この直線は，パラメータ t を用いて

$$\begin{pmatrix} x \\ y \\ z \end{pmatrix} = \begin{pmatrix} a_x \\ a_y \\ a_z \end{pmatrix} + t \begin{pmatrix} v_x \\ v_y \\ v_z \end{pmatrix} \tag{1.6}$$

と表すことができる．これを式 (1.3) に代入すると，

$$x' = \frac{e_x(a_z + v_z t) - e_z(a_x + v_x t)}{a_z + v_z t}, \tag{1.7}$$

$$y' = \frac{e_y(a_z + v_z t) - e_z(a_y + v_y t)}{a_z + v_z t} \tag{1.8}$$

が得られる．ただし第 3 成分 z' は $z' = 0$ なので省略した．式 (1.6) において t を無限大に近づけると，対応する点 $(x, y, z)^{\mathrm{t}}$ はこの直線上で無限遠方に遠ざかる．このとき，その投影像は

$$\lim_{t \to \infty} x' = \lim_{t \to \infty} \frac{e_x\left(\frac{a_z}{t} + v_z\right) - e_z\left(\frac{a_x}{t} + v_x\right)}{\frac{a_z}{t} + v_z} = \frac{e_x v_z - e_z v_x}{v_z}, \tag{1.9}$$

$$\lim_{t \to \infty} y' = \lim_{t \to \infty} \frac{e_y\left(\frac{a_z}{t} + v_z\right) - e_z\left(\frac{a_y}{t} + v_y\right)}{\frac{a_z}{t} + v_z} = \frac{e_y v_z - e_z v_y}{v_z} \tag{1.10}$$

となる．すなわち，この直線上の無限遠方の点の投影像を G^∞ とおくと，

$$\mathrm{G}^\infty = \left(\frac{e_x v_z - e_z v_x}{v_z}, \frac{e_y v_z - e_z v_y}{v_z}, 0\right)^{\mathrm{t}} \tag{1.11}$$

である．

式 (1.11) で表される点 G^∞ は，直線が通過する点 A には依存しない．直線の方向 $\boldsymbol{v}$ と視点 E のみで決まる．したがって，平行直線群 G に属すどの直線も，その直線上の無限遠方の点は同じ投影像 G^∞ をもつ．だから，G に属す直線は，投影面上では 1 点 G^∞ から放射状に出る直線群となる．G^∞ を，直線群 G の**消点** (vanishing point) という．

では，この消点 G^∞ は，幾何的にどのような意味をもつ点なのであろうか．実は，この点は，視点 E から $\boldsymbol{v}$ に平行に伸ばした直線が投影面と交わる点である．実際に，E を通り $\boldsymbol{v}$ に平行な直線上の点は

$$\begin{pmatrix} x \\ y \\ z \end{pmatrix} = \begin{pmatrix} e_x \\ e_y \\ e_z \end{pmatrix} + t \begin{pmatrix} v_x \\ v_y \\ v_z \end{pmatrix} \tag{1.12}$$

と表すことができ，この直線と xy 平面との交点では $z = e_z + t v_z = 0$ が満たされるから，これから得られる $t = -e_z/v_z$ を式 (1.12) の第 1 式と第 2 式に代入すると，式 (1.11) の第 1 成分と第 2 成分に一致する．すなわち次の性質が成り立つ．

性質 1.2（平行線群の像） 1組の平行線群 G の像は，G の消点 G^∞ から放射状に出る直線群となる．ただし，G^∞ は，視点 E から G に平行に伸ばした直線と投影面との交点である．

次に，図 1.8 に示すように，外の世界に 2 組の平行線群 G_1, G_2 があったとしよう．G_1 と G_2 の消点をそれぞれ G_1^∞, G_2^∞ とする．視点 E から G_1^∞ へ向かう直線は G_1 に平行であり，E から G_2^∞ に向かう直線は G_2 平行である．したがって，外の世界で G_1 と G_2 がなす角度は，視点 E から G_1^∞ と G_2^∞ を臨む角度に一致する．これもまとめておこう．

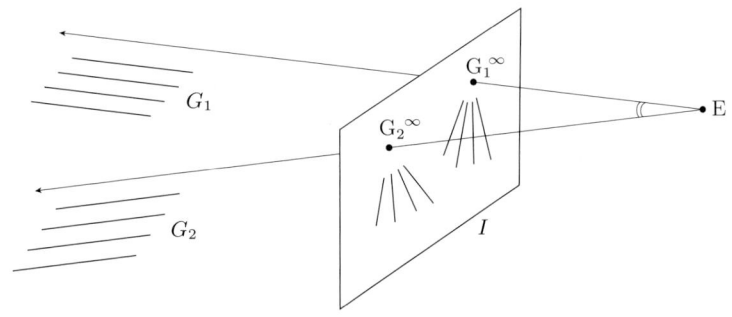

図 **1.8** 2 組の平行線群とその像．

性質 1.3（2 組の平行線群のなす角） 2 組の平行線群 G_1, G_2 の消点をそれぞれ G_1^∞, G_2^∞ とする．G_1 と G_2 のなす角度は，視点 E から G_1^∞ と G_2^∞ を臨む角度に一致する．

次に，投影図を眺める際の視点の重要さに触れておこう．

直方体の投影像が図 1.9 に示すように与えられたとしよう．直方体は 3 組の平行な稜線をもち，それらが，この投影図では 3 個の消点 $G_1^\infty, G_2^\infty, G_3^\infty$ から出る放射状の直線群となっている．この投影図から，これを描いたときの視点位置 E について何がわかるかを考えてみよう．直方体においては三つの直線群は互いに直交する．したがって，性質 1.3 より，直線 EG_1^∞ と直線 EG_2^∞ は直交する．

EG_1^∞ と EG_2^∞ が直交する点 E が仮に投影面上にあるとすると，E は，G_1^∞

1.3 遠近法の基本的性質　13

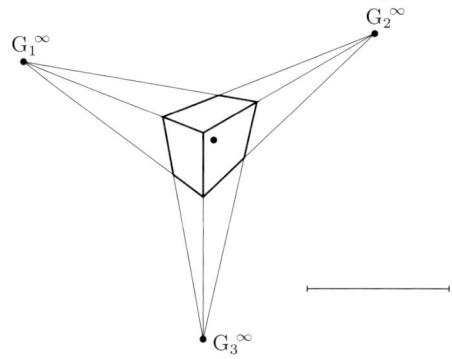

図 1.9　直方体の投影図.

と G_2^∞ を結ぶ線分を直径とする円の周上になければならない（直径の上に立つ円周角が直角であるという円周角の基本的性質を思い出してほしい）．実際には，E は投影面の外にあるから，その位置は，この円を G_1^∞ と G_2^∞ を通る直線のまわりに回転させて得られる球面上である．すなわち，E は，線分 $G_1^\infty G_2^\infty$ を直径とする球面上になければならない．同様に，E は，線分 $G_2^\infty G_3^\infty$ を直径とする球面上にもあり，線分 $G_1^\infty G_3^\infty$ を直径とする球面上にもある．これら三つの球面は 2 個の交点をもつ．そのうち一方は投影面の手前にあり，もう一方は投影面の向こう側にある．視点は，投影面の手前になければならないから，その位置は唯一に決まることがわかる．

この視点の位置を求めてみよう．三つの消点の座標を $G_1^\infty = (x_1, y_1, 0)^t$, $G_2^\infty = (x_2, y_2, 0)^t$, $G_3^\infty = (x_3, y_3, 0)^t$ とし，視点を $E = (x, y, z)^t$ とする．EG_1^∞ と EG_2^∞ が直交するという性質は

$$(x - x_1)^2 + (y - y_1)^2 + z^2 + (x - x_2)^2 + (y - y_2)^2 + z^2 = A_{12} \quad (1.13)$$

と表すことができる．ただし，

$$A_{ij} = (x_i - x_j)^2 + (y_i - y_j)^2 + (z_i - z_j)^2 \quad (1.14)$$

とおいた．同様に，EG_2^∞ と EG_3^∞ が直交するから

$$(x - x_2)^2 + (y - y_2)^2 + z^2 + (x - x_3)^2 + (y - y_3)^2 + z^2 = A_{23} \quad (1.15)$$

であり，EG_1^∞ と EG_3^∞ が直交するから

$$(x-x_1)^2 + (y-y_1)^2 + z^2 + (x-x_3)^2 + (y-y_3)^2 + z^2 = A_{31} \quad (1.16)$$

でもある．

式 (1.13) から式 (1.15) を引くと，

$$(x-x_1)^2 + (y-y_1)^2 - (x-x_3)^2 - (y-y_3)^2 = A_{12} - A_{23} \quad (1.17)$$

が得られ，これを整理すると

$$(x_3 - x_1)x + (y_3 - y_1)y = \frac{1}{2}(A_{12} - A_{23}) - B_{13} \quad (1.18)$$

となる．ただし

$$B_{ij} = x_i{}^2 + y_i{}^2 - x_j{}^2 - y_j{}^2 \quad (1.19)$$

とおいた．同様に式 (1.16) から式 (1.15) を引いて整理すると

$$(x_2 - x_1)x + (y_2 - y_1)y = \frac{1}{2}(A_{31} - A_{23}) - B_{12} \quad (1.20)$$

を得る．式 (1.18), (1.20) より

$$x = \frac{1}{2}\frac{(A_{12} - A_{23} - 2B_{13})(y_2 - y_1) - (A_{31} - A_{23} - 2B_{12})(y_3 - y_1)}{(x_3 - x_1)(y_2 - y_1) - (x_2 - x_1)(y_3 - y_1)}, \quad (1.21)$$

$$y = -\frac{1}{2}\frac{(A_{31} - A_{23} - 2B_{13})(x_3 - x_1) - (A_{12} - A_{23} - 2B_{12})(x_2 - x_1)}{(x_3 - x_1)(y_2 - y_1) - (x_2 - x_1)(y_3 - y_1)} \quad (1.22)$$

が得られる．視点は $z > 0$ を満たすことに注意すると，式 (1.13) より

$$z = \sqrt{\frac{1}{2}(A_{12} - (x-x_1)^2 - (y-y_1)^2 - (x-x_2)^2 - (y-y_2)^2)} \quad (1.23)$$

である．この式に式 (1.21), (1.22) で求めた x と y を代入することによって z も求められる．このように式 (1.21), (1.22), (1.23) で求められる $(x, y, z)^{\mathrm{t}}$ が，直方体の投影図を描いたときの視点の位置である．

実際，図 1.9 では，黒丸の点から紙面に垂直に右下の線分の長さだけ離れた位置が，その視点位置である．したがって，次のことがわかった．

性質 1.4（視点の一意性） 直方体の投影図が与えられたとき，その投影中

心は一意に定まる．

　この性質の意味するところは重要である．遠近法で作られた絵の中に直方体が描かれていると，それを描いたときの視点位置は一意に決まってしまう．したがって，それとは別の位置に目を置いてその絵を眺めても，直方体の投影図にはなっていない．言い換えると，その目の位置を視点として，どのような直方体をどのような姿勢で空間に置いて投影しても，絵の中の投影図と一致させることはできないのである．

　ここでは数理的な議論を簡単にするために，直方体（言い換えると，3組の互いに直交する直線群をもった立体）を対象とした．しかし，この例から，一般の形をした立体に対しても，投影図を描いたときの投影中心とは別の位置に視点を置くと，もとの立体と同じ形を見たことにならないだろうということは容易に想像できる．

　遠近法で絵を描くときには，カンバスの外に視点を固定する．逆に，その絵からもとの世界におけるものの形と配置をありのままに知覚しようとしたら，描いたときの視点位置に目を置かなければならない．しかし，通常は，描かれた絵が人から人へ渡ったり，美術館で展示されたりするときには，カンバスに対して相対的に視点がどこであったかという情報は失われている．そのため，私たちは，視点位置など気にしないで，漫然と絵の前に立って眺めることが多い．しかし，それでは，画家が描きたかったものを本当に見ているかどうかはあやしい．性質1.4で明らかにしたように，絵を眺めるときの視点位置は非常に重要であり，その選び方は種々のイリュージョンの源泉でもある．詳しい議論はあとの章にゆずるが，視点の重要さを強調するために，このことを性質としてまとめておこう．

性質 1.5（視点の唯一性）　遠近法で描かれた絵を見て，もとの世界におけるものの形と配置を正しく知覚できるためには，描いたときの視点位置に目を置かなければならない．

　ただし，この性質の表明は数理的ではないので，いくつかの補足が必要であろう．

第一に，ものの形と配置を「正しく知覚できる」とは，ここでは，ものから出た光が目に届く方向が，もとの世界と同じであるという意味である．「知覚」という言葉は，人間の感覚に関する心理的な機能について言うときにも使うが，ここではそのような心理的な側面は考えない．純粋に幾何学的な意味で，光が届く方向が，もとの世界と一致しているかどうかを問題にしているのである．

第二に，描いたときと同じ視点位置から絵を見れば正しく知覚できることに異存はないと思うが，それ以外の位置に視点を置いたとき本当に違うものを見ていることになるのかという点に関しては，まだ十分な考察をしていない．

実は，描かれているものが特殊な形の場合には，別の位置に目を置いても正しく見えることもある．それは，図 1.10 に示すように，外の世界が 1 枚の大きな壁面で，それがカンバスに平行な場合である．その場合には，どこに視点を置いて遠近法を適用しても，壁面の模様は互いに相似な図形としてカンバスに描かれる．たとえば，図 1.10 の E に視点を置き，I にカンバスを置いて遠近法で作画したとしよう．そして，その絵を E′ に目を置いて眺めたとしよう．カンバスに描かれた絵は，壁の模様と相似な形だから，カンバス I と新しい視点位置 E′ の相対的な位置関係を固定したまま，両者を平行移動すると，ある視点位置 E″ とカンバスの位置 I' において，壁面との関係が遠近法の原理に合ったものになるはずである．すなわち，視点 E″ から見てカンバス I' に遠近法を用いて描いた壁面が，もとの絵と一致する I' があるはずである．

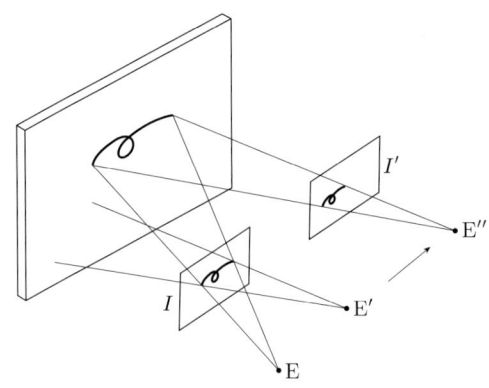

図 **1.10** 外の世界がカンバスと平行な場合．

しかし，このようなきわめて特殊な例外を気にして細かい議論を行うことは，この本では避けたいと思う．したがって，性質1.5で述べている主張は，外の世界が特殊ではない一般的な形をしている場合の主張であると理解していただきたい．そして，そのような一般の場合には，描いたときの視点以外に目を置いて絵を見ると，実際の世界とは別のものを見ていることになることはのちの章で示す．

第2章

遠近法と射影幾何学

遠近法は3次元空間の対象を投影面へ写す手続きであるが，観測システムを変えると，同一の対象から異なる投影像が得られる．特に，対象が1枚の平面上のパターンであるときに，異なる観測システムによって得られる投影像の間の関係は，射影幾何学とよばれる幾何学によって特徴づけられる．本章では，平面パターンの見え方と射影幾何学の関係を整理する．

2.1 平面上の点パターンとその投影像

遠近法は，3次元空間の対象を投影面へ写す手続きであるが，ここでは対象として，3次元空間に置かれた1枚の平面 π 上のパターンを考える．カンバスに描かれた絵や，壁の模様などを思い浮かべていただければよい．

今，簡単のために π 上のパターンの中から n 個の特徴的な点を選び，それらを $P_1, P_2, \ldots, P_n$ とおいて，その集合を S とする：$S = \{P_1, P_2, \ldots, P_n\}$．$S$ のことを点パターン (point pattern) とよぶ．視点 E を固定し，$i = 1, 2, \ldots, n$ に対して，E と P_i を通る直線 $\overline{EP_i}$ を集めたものを線束 (pencil of lines) とよび，$B(E; S)$ で表す．すなわち

$$B(E; S) = \{\overline{EP_i} \mid P_i \in S\} \tag{2.1}$$

である．

次に，図 2.1 に示すように，π とは別の，E を含まないもう一つの平面 π' を考える．π' と線束 $B(E; S)$ に属す直線との交点の集合がなす点パターン

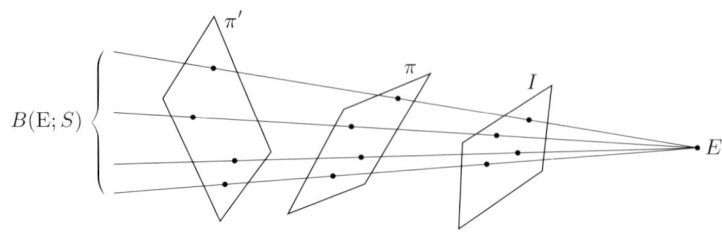

図 **2.1** 線束とその切断.

$S' = \pi' \cap B(\mathrm{E}; S)$ を，π' による $B(\mathrm{E}; S)$ の**切断** (cut) という．もとの平面 π 上の点パターン S は π による $B(\mathrm{E}; S)$ の切断にほかならない．すなわち

$$S = \pi \cap B(\mathrm{E}; S) \tag{2.2}$$

である．上の S と S' のように，同一の線束の二つの切断によって得られる平面上の点パターンは，互いに**背景的** (perspective) であるという．

π 上の点パターン S を，E を投影中心として投影面 I へ中心投影するとしよう．これは，線束 $B(\mathrm{E}; S)$ の I による切断である．すなわち

$$I(S) = I \cap B(\mathrm{E}; S) \tag{2.3}$$

が成り立つ．したがって，空間に置かれた一つの平面上の点パターンとその中心投影像は，互いに背景的である．

平面 π 上の点パターン S の，E を視点とする中心投影像 $I(S)$ が与えられたとしよう．しかし，もとの点パターン S とそれが含まれる平面 π は知らなかったとしよう．これは，線束 $B(\mathrm{E}; I(S))$ はわかっているが平面 π がどこにあるかはわかっていない状況に相当する．投影像 $I(S)$ をもたらす空間の平面とその上の点パターンは無数に存在する．すなわち，E を含まない任意の平面による線束 $B(\mathrm{E}; I(S))$ の切断が，すべて投影像 $I(S)$ をもたらす点パターンの候補となる．このように，視点 E を固定した状況では，与えられた平面上の点パターンから投影像を作る操作と，与えられた投影像からそのもととなった点パターンの一つの候補を作る操作とは，いずれも同一の線束から切断を作る操作とみなせる．したがって，投影法とそれをもたらすすべてのもとのパターンの候補とは互いに背景的である．そのため，これからは投影面を特別視することはやめる．一つの線束のどの切断をもとの点パターンとみなし，どの切断をその投

影像とみなしても，以下の数学的な議論においては等価なのである．

今までは視点を固定して議論してきたが，次に視点を変更することを考えよう．図 2.2 に示すように，3 次元空間に置かれた平面 π 上の点パターン $S = \{P_1, P_2, \ldots, P_n\}$ を，π には含まれない二つの視点 E と E′ で見るとする．これは，二つの線束 $B(E; S), B(E'; S)$ で表される視線を考えることに相当する．E と E′ から点 $P_1, P_2, \ldots, P_n$ へ伸ばした視線（これは半直線であるが，これを視点の後ろ側へも伸ばしてできる直線をここでは考える）の集合がそれぞれ線束 $B(E; S)$ と $B(E'; S)$ である．このように，同一の点パターンを異なる二つの視点で見たとき視線が作る二つの線束も互いに**背景的** (perspective) であるという．

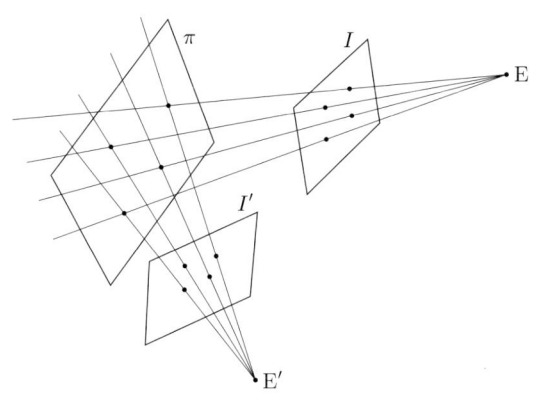

図 **2.2**　互いに背景的な二つの線束．

図 2.2 に示すように，線束 $B(E; S)$ を平面 I で切断し，線束 $B(E'; S)$ を平面 I' で切断すれば，E を視点とし I を投影面とする S の投影像 $I(S)$ と，E′ を視点とし I' を投影面とする S の投影像 $I'(S)$ が得られる．このように，互いに背景的な二つの線束のそれぞれを切断して得られる二つの点パターンは，互いに**射影的** (projective) であるといわれる．したがって，同一の点パターンを別の視点で投影像にしたものは，互いに射影的である．

次に，互いに射影的な二つの点パターンは，互いにどんな変換で移り合うのかを見ていく．

2.2 線束と同次座標

平面 π 上の点パターン $S = \{P_1, P_2, \ldots, P_n\}$ と，π には含まれない視点 E で作られる線束 $B(E; S)$ を考える．E を原点とする (x, y, z) 直交座標系を固定し，$i = 1, 2, \ldots, n$ に対して，位置ベクトル $\overrightarrow{EP_i}$ を $(x_i, y_i, z_i)^{\text{t}}$ とする．E と P_i を通る直線 $\overline{EP_i}$ 上の点の位置ベクトルは，実数 s を用いて $(sx_i, sy_i, sz_i)^{\text{t}}$ と表すことができる．

今，E に視点を置いて，点パターン S を眺めたとする．このとき点 P_i は，視線 $\overline{EP_i}$ 方向に見えるが，直線 $\overline{EP_i}$ 上のどこであるかはわからない．この観測者にとっては点 $(x_i, y_i, z_i)^{\text{t}}$ と点 $(sx_i, sy_i, sz_i)^{\text{t}}$ とは，区別できない．

一般に，原点以外の 2 点 $(x, y, z)^{\text{t}}$ と $(x', y', z')^{\text{t}}$ が，ある非零実数 s に対して

$$(x', y', z') = (sx, sy, sz) \tag{2.4}$$

という関係にあるとき，**同値** (equivalent) であるといい，$(x, y, z) \sim (x', y', z')$ と書く．同一の線束を異なる平面で切断してできる点パターンの互いに対応する点は同値である．互いに同値な点は同じものであるとみなす．すなわち，視点から見て同じ方向に見えるために区別できない点は，互いに同値とよんで，同じものとみなそうというわけである．

点 $(x, y, z)^{\text{t}}$ は，もともとは 3 次元空間の点と考えて出発したのであるが，同値な点は区別しないということは，視点からの奥行き方向の違いは無視するということであるから，これは要するに投影面上の点を考えていることであると言ってもよい．今，図 2.3 に示すように，平面 $z = 1$ を投影面として，3 次元空間の点 $P = (x, y, z)^{\text{t}}$ を中心投影したとしよう．このとき，投影像は $I(P) = (x/z, y/z, 1)^{\text{t}}$ となる．投影面上の点の z 成分は常に 1 であるから，第 3 座標は無視して $I(P)$ のことを 2 次元平面上の点 $(x/z, y/z)^{\text{t}}$ とみなすことができる．このとき，$(x, y, z)^{\text{t}}$ は，この点の**同次座標** (homogeneous coordinates) とよばれる．そして，これと対照的に，$(x/z, y/z)^{\text{t}}$ を，点 $I(P)$ の**ユークリッド座標** (Euclidean coordinates) または**デカルト座標** (Descartes coordinates) とよぶこともある．

3 次元空間の点から原点を除いたものを同値な関係 $\sim$ で類に分け，そのようにしてできるすべての類の集合を P^2 と書く．P^2 を 2 次元**射影空間** (projective space) といい，P^2 の要素をこの空間の**点** (point) とよぶ．上で見てきたように

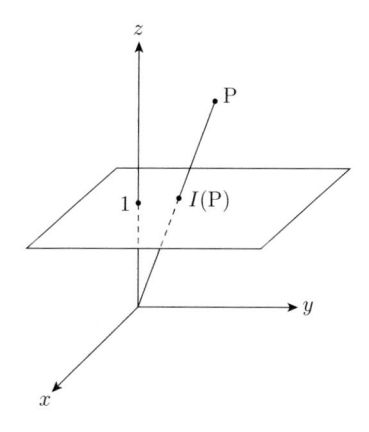

図 2.3 同次座標とユークリッド座標.

射影空間の点とは，原点から一つの方向に伸びた直線上のすべての点が作る類のことである．これらすべての点は原点から見たとき一つの点にしか見えないから，これを「点」とよぶのは自然なことであろう．P^2 の任意の点は，$xyz \neq 0$ を満たす同次座標 $(x, y, z)^{\mathrm{t}}$ によって表される．そして，$(x, y, z)^{\mathrm{t}} \sim (x', y', z')^{\mathrm{t}}$ のとき，それらは P^2 において同じ点を表す．

2.3　視点の変更に伴う変換

次に，同一の線束を切断したとき作られる二つの2次元点パターンの間の関係を見てみよう．図 2.4 に示すように，一つの線束を，二つの平面 I と I' によって切断し，2次元の点パターンを得たとしよう．そして，I と I' がこのように空間に配置されていたことは忘れて，I と I' を同一の平面上に置いて，その点パターンを眺めることにする．そして，I 上の点パターンから I' 上の点パターンへの変換の式を導く．

そのためには，同次座標とユークリッド座標の関係を利用すると便利である．まず，E を原点とする3次元 (x, y, z) 直交座標系を，z 軸が I に垂直となるように向きを定めて固定する．E から I までの距離を s とする．この座標系に関して3次元空間の点 P の位置ベクトルが $\mathrm{P} = (x, y, z)^{\mathrm{t}}$ であるとする．P の I への投影像 $I(\mathrm{P})$ は，E と P を通る直線と平面 $z = s$ の交点であるから，

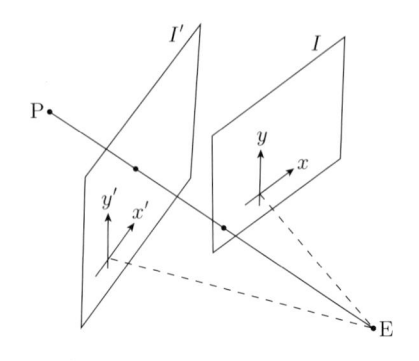

図 2.4 二つの切断の間の変換.

$I(\mathrm{P}) = (sx/z, sy/z, s)^{\mathrm{t}}$ である．第 3 座標を無視すると，点 $I(\mathrm{P})$ は 2 次元 (x, y) 座標系の固定された平面 I 上で，ユークリッド座標が $(sx/z, sy/z)^{\mathrm{t}}$ の点となる．そして，$(x, y, z)^{\mathrm{t}}$ はこの点の同次座標となる．

次に，E を原点とする 3 次元 (x', y', z') 直交座標系を，z' 軸が平面 I' に垂直となるように向きを定めて固定する．E から I' までの距離を s' とする．この座標系に関する P の座標を $\mathrm{P} = (x', y', z')^{\mathrm{t}}$ とする．このとき，P の I' への投影像 $I'(\mathrm{P})$ は E と P を通る直線と平面 $z' = s'$ との交点であるから，$I'(\mathrm{P}) = (s'x'/z', s'y'/z', s')^{\mathrm{t}}$ である．第 3 座標を無視すると，点 $I'(\mathrm{P})$ は，2 次元 (x', y') 座標系の固定された平面 I' 上で，ユークリッド座標が $(s'x'/z', s'y'/z')^{\mathrm{t}}$ の点となる．そして，$(x', y', z')^{\mathrm{t}}$ はこの点の同次座標である．

さて，二つの直交座標系 (x, y, z) と (x', y', z') は原点 E のまわりの回転で移り合う．したがって，ある 3 次直交行列 R によって

$$\begin{pmatrix} x' \\ y' \\ z' \end{pmatrix} = R \begin{pmatrix} x \\ y \\ z \end{pmatrix} \tag{2.5}$$

と書ける．これが，同一の点 P の二つの座標系での表現の間の変換式である．そして同時に，式 (2.5) は，二つの投影像 $I(\mathrm{P})$ と $I'(\mathrm{P})$ の同次座標の間の変換式でもある．

一方，

$$(x, y, z)^{\mathrm{t}} = \frac{z}{s}(sx/z, sy/z, s)^{\mathrm{t}}, \tag{2.6}$$

$$(x', y', z')^{\mathrm{t}} = \frac{z'}{s'}(s'x'/z', s'y'/z', s')^{\mathrm{t}} \tag{2.7}$$

であるから，これらを式 (2.5) に代入して整理すると

$$\begin{pmatrix} s'x'/z' \\ s'y'/z' \\ s' \end{pmatrix} = \frac{s'}{s}\frac{z}{z'}R \begin{pmatrix} sx/z \\ sy/z \\ s \end{pmatrix} \tag{2.8}$$

となる．これが，I と I' 上の 2 次元直交座標で表された点 $I(\mathrm{P})$ と $I'(\mathrm{P})$ の間の変換式である．

今度は，図 2.5 に示すように，平面 π 上の点パターン S を二つの視点 E, E' から眺めたときの投影図の間の変換式を求める．そのために，(x, y, z) 座標系を，E を原点とし，z 軸が π に垂直になるように固定する．E から π までの距離を s とする．また，(x', y', z') 座標系を，E' を原点とし z' 軸が π に垂直になるように固定する．E' から π までの距離を s' とする．

π 上の任意の点 P は，これら二つの座標系によって，$(x, y, s)^{\mathrm{t}}$，$(x', y', s')^{\mathrm{t}}$ と表される．これら二つの座標系は回転と平行移動によって移り合うから，回転を表すある直交行列 Q と平行移動を表すある 3 次元ベクトル $\boldsymbol{a} = (a, b, c)^{\mathrm{t}}$ によって

$$\begin{pmatrix} x' \\ y' \\ z' \end{pmatrix} = Q \begin{pmatrix} x \\ y \\ z \end{pmatrix} + \begin{pmatrix} a \\ b \\ c \end{pmatrix} \tag{2.9}$$

と書くことができる．

この式 (2.9) をもう少し詳しくみてみよう．図 2.5 にも示したように，z 軸と z' 軸はどちらも π に垂直であるから，z 軸と z' 軸は平行である．したがって，直交行列 Q で表される回転はこれらの軸に平行な軸のまわりの回転となっている．だから，回転角度を θ とすれば

$$Q = \begin{pmatrix} \cos\theta & -\sin\theta & 0 \\ \sin\theta & \cos\theta & 0 \\ 0 & 0 & 1 \end{pmatrix} \tag{2.10}$$

と表される．

さらに，式 (2.9) に現れる点 $(x, y, z)^{\mathrm{t}}, (x', y', z')^{\mathrm{t}}$ はすべて平面 π 上の点であ

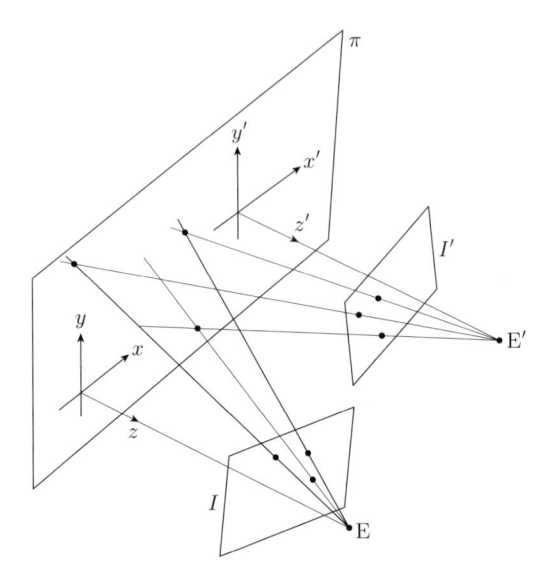

図 **2.5** 二つの視点から見た点パターンの間の変換.

るから，$z = s, z' = s'$ である．したがって，式 (2.9) の第 3 式 $z' = z + c$ は，実は $z' = (s'/s)z$ と書くこともできる．

以上のことを考慮すると，式 (2.9) は

$$\begin{pmatrix} x' \\ y' \\ z' \end{pmatrix} = \begin{pmatrix} \cos\theta & -\sin\theta & a/s \\ \sin\theta & \cos\theta & b/s \\ 0 & 0 & s'/s \end{pmatrix} \begin{pmatrix} x \\ y \\ z \end{pmatrix} \quad (2.11)$$

と表すことができる．したがって

$$\overline{Q} = \begin{pmatrix} \cos\theta & -\sin\theta & a/s \\ \sin\theta & \cos\theta & b/s \\ 0 & 0 & s'/s \end{pmatrix} \quad (2.12)$$

とおくと

$$\begin{pmatrix} x' \\ y' \\ z' \end{pmatrix} = \overline{Q} \begin{pmatrix} x \\ y \\ z \end{pmatrix} \quad (2.13)$$

となる．このように，π と E と E′ のみから決まるある 3 次行列 $\overline{Q}$ によって，投影像 $I(\mathrm{P})$ と $I'(\mathrm{P})$ の同次座標が式 (2.13) に示す変換を受けることに注意していただきたい．もともとは，式 (2.9) に示すように，平行移動の項 $(a,b,c)^\mathrm{t}$ がついていたのであるが，同次座標の特性を利用すると，それが行列 $\overline{Q}$ の中に吸収できるわけである．

次に，点 P を視点 E から見て投影面 I 上へ投影したとする．E を原点とし，第 3 座標軸が I に垂直な座標系を一つ固定して，この座標系に関する投影像の同次座標を $I(\mathrm{P}) = (\xi_x, \xi_y, \xi_z)^\mathrm{t}$ とする．このとき，式 (2.5) より，ある直交行列 R を用いて

$$\begin{pmatrix} \xi_x \\ \xi_y \\ \xi_z \end{pmatrix} = R \begin{pmatrix} x \\ y \\ z \end{pmatrix} \tag{2.14}$$

と表せる．同じように E′ を原点とし，第 3 座標軸が I' に垂直な座標系を一つ固定し，この座標系に関する P の投影像の同次座標を $I'(\mathrm{P}) = (\eta_x, \eta_y, \eta_z)^\mathrm{t}$ とする．上と同じように，ある直交行列 R' を用いて

$$\begin{pmatrix} \eta_x \\ \eta_y \\ \eta_z \end{pmatrix} = R' \begin{pmatrix} x' \\ y' \\ z' \end{pmatrix} \tag{2.15}$$

と表せる．

最後に式 (2.14), (2.15) を式 (2.13) に代入して整理すると

$$\begin{pmatrix} \eta_x \\ \eta_y \\ \eta_z \end{pmatrix} = R'\overline{Q}R^\mathrm{t} \begin{pmatrix} \xi_x \\ \xi_y \\ \xi_z \end{pmatrix} \tag{2.16}$$

が得られる．ただし，R^t は行列 R の転置行列を表す．R は直交行列であるから，R^t は R の逆行列でもある．

$$A = R'\overline{Q}R^\mathrm{t} \tag{2.17}$$

とおけば，式 (2.16) はさらに

$$\begin{pmatrix} \eta_x \\ \eta_y \\ \eta_z \end{pmatrix} = A \begin{pmatrix} \xi_x \\ \xi_y \\ \xi_z \end{pmatrix} \tag{2.18}$$

と書くことができる．これが，同一の点パターンを二つの視点から見て得られる投影像の同次座標の間の変換式である．行列 A の具体的な形はともかくとして，同じ点 P を別の視点から見て作った投影像の間の変換が，一つの 3 次正方行列 A をかけるだけという操作で表現できたことに注目してほしい．この簡潔さが同次座標を用いることの一つの意義である．

2.4 射影空間と射影変換

P^2 を 2 次元射影空間とする．2.2 節に述べたように，射影空間の点とは，3 次元ユークリッド空間から原点を除いた点集合の中で，原点を通る同一直線上に載っているものを互いに同値とみなして作った一つの類である．だから，原点を通る一つの直線と思ってもよい．これを「点」とよぶのは，原点に視点を置いたとき，原点を通る直線は視線に対応し，一つの視線上の点は互いに重なって区別がつかないという事情を反映しているからであると解釈するとわかりやすいであろう．

射影空間の点を表すために，同次座標 $(\xi_x, \xi_y, \xi_z)^{\mathrm{t}}$ を用いる．これは，その点に対応する視線の上の任意の 1 点の位置ベクトルであり，その視線の方向ベクトルでもある．

A を正則な 3 次正方行列とする．射影空間 P^2 の点 $(\xi_x, \xi_y, \xi_z)^{\mathrm{t}}$ を点 $(\eta_x, \eta_y, \eta_z)^{\mathrm{t}}$ へ移す変換

$$\begin{pmatrix} \eta_x \\ \eta_y \\ \eta_z \end{pmatrix} = A \begin{pmatrix} \xi_x \\ \xi_y \\ \xi_z \end{pmatrix} \tag{2.19}$$

を，A によって定まる**射影変換** (projective transformation) という．非零の実数 s に対して同次座標 $(\xi_x, \xi_y, \xi_z)^{\mathrm{t}}$ と $(s\xi_x, s\xi_y, s\xi_z)^{\mathrm{t}}$ は同じ点を表すから，A によって定まる射影変換と sA によって定まる射影変換は同じものである．したがって，A の 9 個の成分のうち 1 個はあらかじめ値を指定できるから，射影

変換を指定する際の自由度は 8 である.

同一の線束を二つの平面で切断してできる点パターンの間の変換は,式 (2.5) で表されるから射影変換に属す.また,平面上の点パターンを二つの視点で見て作った投影像の間の変換は式 (2.18) を満たすから,やはり射影変換に属す.

平面上の点 (x,y) を回転と平行移動によって点 (x',y') へ移す変換は,回転を表す 2 次直交行列 $\begin{pmatrix} r_{11} & r_{12} \\ r_{21} & r_{22} \end{pmatrix}$,平行移動を表すベクトル $(a_1, a_2)^{\rm t}$ を使って

$$\begin{pmatrix} x' \\ y' \\ 1 \end{pmatrix} = \begin{pmatrix} r_{11} & r_{12} & a_1 \\ r_{21} & r_{22} & a_2 \\ 0 & 0 & 1 \end{pmatrix} \begin{pmatrix} x \\ y \\ 1 \end{pmatrix} \tag{2.20}$$

と表せる.これは,式 (2.19) の変換に属す.したがって,回転と平行移動も射影変換に属す.平面 π 上の点パターンを見る観測システムを,π に垂直な軸のまわりに回転することによって点パターンも回転するし,π に平行に移動することによって点パターンも平行移動するから,回転と平行移動が射影変換に属すことは当然であるとも言える.

また射影変換によって,直線は直線へ移る.これも,直線は,どこから見ても直線に見えるから当然と言えば当然であるが,式 (2.19) からも確かめられる.

S_0 を平面 π_0 上の点パターンとする.そして,図 2.6 に示すように,k 個の視点の列 $E_0, E_1, \ldots, E_{k-1}$ と k 個の平面の列 $\pi_1, \pi_2, \ldots, \pi_k$ が与えられたとしよう.ただし,各 $i = 0, 1, \ldots, k-1$ に対して,点 E_i は π_i にも π_{i+1} にも含まれないものとする.まず E_0 を視点として S_0 の線束 $B(E_0; S_0)$ を作り,これと π_1 の切断を S_1 とおく.すなわち

$$S_1 = B(E_0; S_0) \cap \pi_1 \tag{2.21}$$

である.以下,$i = 1, 2, \ldots, k-1$ に対して,同じように E_i を視点として S_i の線束を作り,それを π_i で切断したものを

$$S_{i+1} = B(E_i; S_i) \cap \pi_i, \quad i = 1, 2, \ldots, k-1 \tag{2.22}$$

とおく,これによって,S_0 から出発して線束とその切断が次々に生成される.これによって得られる最初と最後の点パターン S_0 と S_k も,互いに**射影的**であるという.

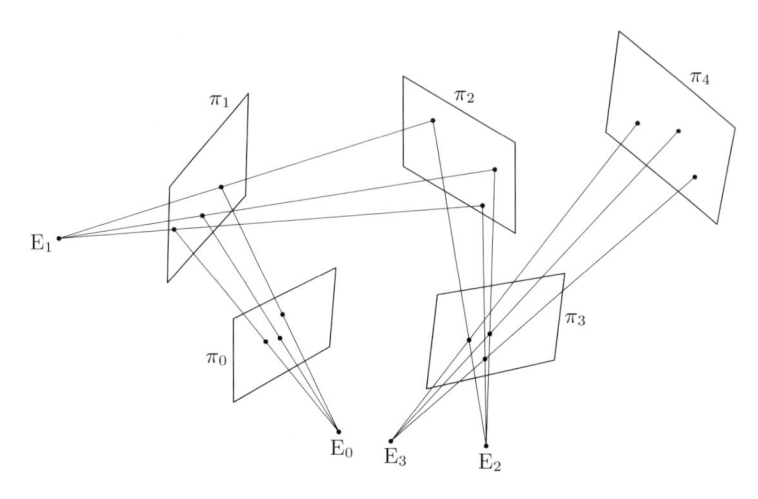

図 **2.6** 互いに射影的な二つの点パターン.

　点パターン S_i から S_{i+1} を作る操作は，式 (2.18) で表される射影変換であるから，その変換行列を A_i としよう．S_0 から S_k を作る操作は，これらの射影変換行列の積 $A_{k-1}A_{k-2}\cdots A_0$ によって表されるから，これも射影変換に属す．すなわち，二つの点パターンが互いに射影的なら，それらは射影変換によって移り合う．

　平面上の対象を二つの視点から見て得られる点パターンが射影変換で互いに移り合うという性質は，異なる視点でとらえた投影像同士の関係を，視点位置を意識しないで，直接論じる方法を与えてくれる．

　平面上に 2 組の点パターン $S = \{\mathrm{P}_1, \mathrm{P}_2, \ldots, \mathrm{P}_n\}$, $S' = \{\mathrm{P}_1{}', \mathrm{P}_2{}', \ldots, \mathrm{P}_n{}'\}$ が与えられているとしよう．$\mathrm{P}_i = (x_i, y_i)^{\mathrm{t}}$, $\mathrm{P}_i{}' = (x_i{}', y_i{}')^{\mathrm{t}}$, $i = 1, 2, \ldots, n$, とする．今，S と S' は互いに射影的で，P_i が $\mathrm{P}_i{}'$ に対応することがわかっているとする．これは，たとえば，3 次元空間に置かれた平面 π 上の点パターン $\{\mathrm{Q}_1, \mathrm{Q}_2, \ldots, \mathrm{Q}_n\}$ を，二つの観測システムで投影して得た投影像が，それぞれ $\mathrm{P}_i = I(\mathrm{Q}_i), \mathrm{P}_i{}' = I'(\mathrm{Q}_i)$, $i = 1, 2, \ldots, n$, となっている場合などである．

　S から S' への射影変換があるはずだからそれを求めたい．そのためには，まず点の座標を同次座標へ変換する．同次座標は定数倍の任意性をもつから，第 3 座標を 1 とおいて

$$P_i = (x_i, y_i, 1)^t, \quad P_i' = (x_i', y_i', 1)^t, \quad i = 1, 2, \ldots, n \tag{2.23}$$

とする．そして，P_i と P_i' の同次座標の間に式 (2.19) が成り立つはずであるから

$$\alpha_i \begin{pmatrix} x_i' \\ y_i' \\ 1 \end{pmatrix} = A \begin{pmatrix} x_i \\ y_i \\ 1 \end{pmatrix}, \quad i = 1, 2, \ldots, n \tag{2.24}$$

でなければならない．ただし，α_i は，同次座標がもつ定数倍の任意性を調整するための定数で，これも未知数である．この式の未知数は A の成分と α_i であるから，これは未知数に関して線形な方程式である．

一般性を失うことなく，点パターンの中の $i = 1, 2, 3, 4$ に対する点の対応を使って式 (2.24) を作ったとしよう．式 (2.19) は三つの等式からなるから，方程式は全部で $3 \times 4 = 12$ 個できる．一方，変数は，A の成分が 9 個と $\alpha_1, \alpha_2, \alpha_3, \alpha_4$ だから，合計 13 個である．しかし，A は定数倍の任意性があるから求めるべき変数は 12 個であり，方程式の数と変数の数は一致する．したがって，これら 12 個の方程式が線形独立ならば，射影変換が確定する．実際，4 点 P_1, P_2, P_3, P_4 が同一直線上になければ，この連立方程式は線形独立となることがわかっている．したがって次の性質が成り立つ．

性質 2.1（2 次元射影変換の決定） 同一直線上にない 4 点の行き先がわかれば，2 次元射影変換は一意に定まる．

射影変換の威力を例で見てみよう．K 子さんは，サッカーの試合を見に行って，もっていたディジタルカメラで，ひいきの選手がゴールを決めた瞬間を，図 2.7(a) のように，運よく写真にとることができた．これはかなり離れたところからのロングシュートであった．K 子さんは，この選手がいったい何メートルの距離のシュートを成功させたのかを知りたいと思った．しかし，写真を撮影した視点位置が，コートに対して相対的にどの位置であったかというデータはない．ただし，サッカーコートの実際の寸法は図 2.7(b) のようにわかっている．

こんな場面では，視点を介さないで二つの点パターンの関係を論じることのできる射影変換が役に立つ．サッカーのゲームシーンを投影した図 2.7(a) の写

(a)　　　　　　　　　　　　　(b)

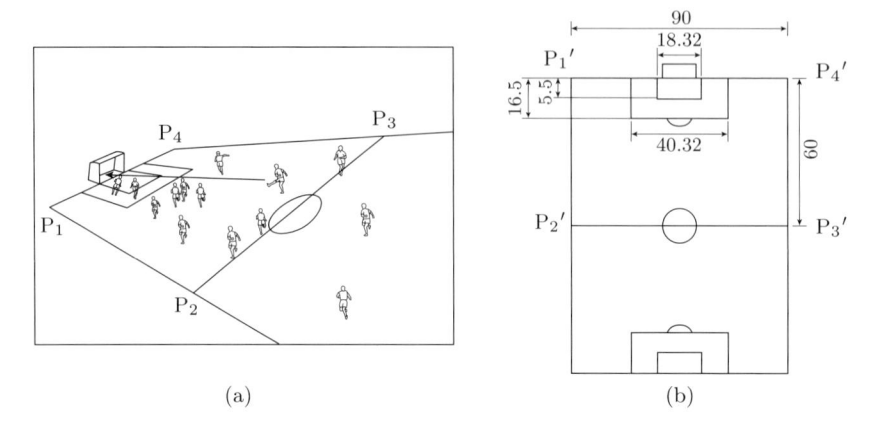

図 **2.7**　写真からの視点位置の決定.

真と，コートの実形を表す図 2.7(b) の図とは，互いに射影的である．したがって，一方から他方への射影変換が存在する．そこで，コートの白線の交点のうち，図 2.7(a) の 4 点 P_1, P_2, P_3, P_4 に着目する．これらの点は，それぞれ図 2.7(b) の 4 点 P_1', P_2', P_3', P_4' に対応する．これら 4 点は同一直線上にないから，その座標値から連立方程式 (2.24) を解くことができて，射影変換の行列 A が，定数倍の任意性を除いて確定する．最後に，シュートを打った選手の写真の中の座標をこの射影変換で移すことによって，コートの実形の中でのシュート位置を知ることができる．

この手続きにおいて，カメラで撮影した位置——すなわち視点位置——が陽に現れていないことに注意していただきたい．写真からまず視点位置を求め，次に選手の位置を求めることもできるのだが，その手順は複雑である．上のように，射影変換によって直接二つの点パターンの関係を調べる方がはるかに簡単である．これが射影変換の威力である．

ここで，点が一直線上に並ぶ特別の場合の射影変換の基本的な性質について触れておこう．P_1, P_2, P_3, P_4 を一直線上に並ぶ異なる 4 点とする．これらは x 軸上にあり，そのユークリッド座標が $P_i = (x_i, 0)^t$, $i = 1, 2, 3, 4$, であるとする．そして，

$$D(P_1, P_2, P_3, P_4) = \frac{x_1 - x_2}{x_4 - x_2} \Big/ \frac{x_1 - x_3}{x_4 - x_3} \tag{2.25}$$

とおく．$D(\mathrm{P}_1, \mathrm{P}_2, \mathrm{P}_3, \mathrm{P}_4)$ は，$\mathrm{P}_1, \mathrm{P}_2, \mathrm{P}_3, \mathrm{P}_4$ の**複比** (cross ratio) とよばれる．次の性質が成り立つ．

性質 2.2（複比の不変性） 一直線上の異なる 4 点 $\mathrm{P}_1, \mathrm{P}_2, \mathrm{P}_3, \mathrm{P}_4$ がなす複比 $D(\mathrm{P}_1, \mathrm{P}_2, \mathrm{P}_3, \mathrm{P}_4)$ は射影変換のもとで不変である．

この性質は次のようにして確かめることができる．$\mathrm{P}_1, \mathrm{P}_2, \mathrm{P}_3, \mathrm{P}_4$ が射影変換によって $\mathrm{P}_1', \mathrm{P}_2', \mathrm{P}_3', \mathrm{P}_4'$ へ移ったとしよう．$\mathrm{P}_1', \mathrm{P}_2', \mathrm{P}_3', \mathrm{P}_4'$ も一直線上に並ぶ．平行移動と回転も射影変換に属すから，一般性を失うことなく，これらの点も x 軸上に並んでいると仮定できる．今，これらの点のユークリッド座標を $\mathrm{P}_i' = (x_i', 0)^\mathrm{t}$，$i = 1, 2, 3, 4$，とおく．このとき，式 (2.24) は

$$\alpha_i \begin{pmatrix} x_i' \\ 0 \\ 1 \end{pmatrix} = \begin{pmatrix} a & 0 & b \\ 0 & 0 & 0 \\ c & 0 & d \end{pmatrix} \begin{pmatrix} x_i \\ 0 \\ 1 \end{pmatrix}, \quad i = 1, 2, 3, 4 \tag{2.26}$$

と書ける．したがって

$$\alpha_i x_i' = a x_i + b, \tag{2.27}$$

$$\alpha_i = c x_i + d \tag{2.28}$$

であり，この二つの式から α_i を消去すると，x_i' は x_i を使って

$$x_i' = \frac{a x_i + b}{c x_i + d}, \quad i = 1, 2, 3, 4 \tag{2.29}$$

と書ける．これより

$$x_i' - x_j' = \frac{a x_i + b}{c x_i + d} - \frac{a x_j + b}{c x_j + d} = \frac{(ad - bc)(x_i - x_j)}{(c x_i + d)(c x_j + d)} \tag{2.30}$$

と変形できる．したがって

$$\begin{aligned} D(\mathrm{P}_1', \mathrm{P}_2', \mathrm{P}_3', \mathrm{P}_4') &= \frac{(x_1' - x_2')(x_4' - x_3')}{(x_4' - x_2')(x_1' - x_3')} \\ &= \frac{\left(\dfrac{a x_1 + b}{c x_1 + d} - \dfrac{a x_2 + b}{c x_2 + d}\right)\left(\dfrac{a x_4 + b}{c x_4 + d} - \dfrac{a x_3 + b}{c x_3 + d}\right)}{\left(\dfrac{a x_4 + b}{c x_4 + d} - \dfrac{a x_2 + b}{c x_2 + d}\right)\left(\dfrac{a x_1 + b}{c x_1 + d} - \dfrac{a x_3 + b}{c x_3 + d}\right)} \end{aligned}$$

$$
\begin{aligned}
&= \frac{(ad-bc)(x_1-x_2)(ad-bc)(x_4-x_3)}{(ad-bc)(x_4-x_2)(ad-bc)(x_1-x_3)} \\
&= D(\mathrm{P}_1, \mathrm{P}_2, \mathrm{P}_3, \mathrm{P}_4)
\end{aligned} \tag{2.31}
$$

を得る．したがって，4 点 $\mathrm{P}_1, \mathrm{P}_2, \mathrm{P}_3, \mathrm{P}_4$ がなす複比が，射影変換後の 4 点 $\mathrm{P}_1{}', \mathrm{P}_2{}', \mathrm{P}_3{}', \mathrm{P}_4{}'$ のなす複比と等しい．これで，性質 2.2 を確かめることができた．

射影変換のもう一つの重要な性質は，次に示す 2 次曲線の不変性である．

性質 2.3（2 次曲線の不変性） 射影変換によって 2 次曲線は 2 次曲線へ移る．

この性質は，次のようにして確かめることができる．xy 平面上の 2 次曲線は，一般に，

$$ax^2 + 2bxy + cy^2 + 2dx + 2ey + f = 0 \tag{2.32}$$

と書ける．3 次対称行列 Q を

$$Q = \begin{pmatrix} a & b & d \\ b & c & e \\ d & e & f \end{pmatrix} \tag{2.33}$$

とおく．すると，式 (2.32) は，

$$(x\ y\ 1)Q \begin{pmatrix} x \\ y \\ 1 \end{pmatrix} = 0 \tag{2.34}$$

と表すことができる．$(x\ y\ 1)^{\mathrm{t}}$ は，この曲線上の点の同次座標とみなせるから，これに射影変換を施して

$$\begin{pmatrix} x' \\ y' \\ z' \end{pmatrix} = A \begin{pmatrix} x \\ y \\ 1 \end{pmatrix} \tag{2.35}$$

へ移したとしよう．このとき

$$\begin{pmatrix} x \\ y \\ 1 \end{pmatrix} = A^{-1} \begin{pmatrix} x' \\ y' \\ z' \end{pmatrix} \tag{2.36}$$

だから，これを式 (2.34) へ代入して

$$(x'\ y'\ z')(A^{-1})^{\mathrm{t}}QA^{-1}\begin{pmatrix}x'\\y'\\z'\end{pmatrix}=0 \tag{2.37}$$

を得る．これはさらに

$$(x'/z'\ y'/z'\ 1)(A^{-1})^{\mathrm{t}}QA^{-1}\begin{pmatrix}x'/z'\\y'/z'\\1\end{pmatrix}=0 \tag{2.38}$$

と変形できる．デカルト座標 $(x,y)^{\mathrm{t}}$ をもつ点は，射影変換 (2.35) によって，デカルト座標 $(x'/z',y'/z')^{\mathrm{t}}$ をもつ点に移るが，式 (2.38) は，その点がやはり 2 次曲線上にあることを表している．したがって，性質 2.3 が確かめられた．

2 次曲線に射影変換を施しても 2 次曲線のままであることは，それほど自明ではない．たとえば，楕円を斜めの方向から眺めたところを想像してみよう．楕円は正面から見ると，長軸あるいは短軸に沿って折ると左右が重なるという対称性をもっている．一方，遠近法では，近くのものが大きく見え，遠くのものは小さく見える．したがって，楕円を斜めの方向の視点から見ると，遠い部分よりも近い部分の方がふくらんだ卵形のように見えるだろうと想像するのが自然ではないだろうか．しかし，性質 2.3 はこの直観が正しくないことを示している．なぜなら，楕円を傾けて眺めても楕円のままであることを性質 2.3 は意味しているからである．

射影幾何学と投影法との関係についてさらに学びたい人のためには，金谷 (1990)，出口 (1991)，杉原 (1995) などが参考になるであろう．

第3章

立体視の三つの原理

人は，立体視ができる．すなわち，身の回りの世界を目で見て，その奥行きも含めた立体の形を認識できる．この立体の形と奥行きを知る原理は，大きく三つに分けられる．その第一は，目が左右に二つあり，それら二つの目でとらえた外の世界の見え方の違いから奥行きがわかるという性質を利用したものである．これは両眼立体視とよばれる．第二は，自分が動くことによって，外の世界の見え方が変わるが，近いものと遠いものでその変わり方に差があるという性質を利用したものである．これは運動立体視とよばれる．そして第三は，静止した片方の目だけでも立体が知覚できるという性質の背景にあるもので，単眼立体視と総称される．この章では，これら三つの立体視原理についてまとめる．

3.1　両眼立体視

人は目を二つもっており，その二つの目で同時に外の世界を見る．その結果，異なる二つの視点を使って外の世界の投影像を得ている．そして，その二つの像を統合することによって，目の前の対象までの奥行きを知ることができる．この原理を数理的に眺めてみよう．

図 3.1 に示すように，二つの視点 E_l, E_r を投影中心として空間の 1 点 P を xy 平面へ投影したとしよう．今，$E_l = (e_x{}^l, 0, e_z)^t, E_r = (e_x{}^r, 0, e_z)^t$ であるとする．すなわち，二つの視点はどちらも xz 平面にあり，投影面から等しい距離 e_z だけ離れているとする．E_l による点 P の投影像を $I_l(P)$，E_r による点 P の投影像を $I_r(P)$ と表すことにする．また，点 P の座標を $P = (x, y, z)^t$ と

38 第3章 立体視の三つの原理

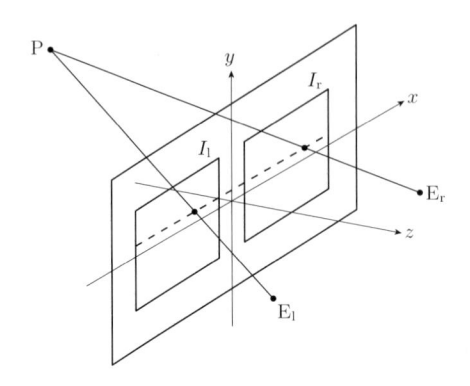

図 3.1 両眼立体視.

し，$I_l(P) = (x_l', y_l', 0)^t, I_r(P) = (x_r', y_r', 0)^t$ とおく．両目で点 P を見てその 3 次元位置を知るということは，観測されたデータ x_l', y_l', x_r', y_r' から未知の点 $(x, y, z)^t$ を求めるということである．

まず，$y_l' = y_r'$ であることに注意しよう．なぜなら，式 (1.3) の第 2 式より，投影像の y 座標は，視点の y 座標と z 座標には依存するが，視点の x 座標には依存しないからである．また，幾何学的には，点 P の二つの像は，3 点 P, E_l, E_r を通る平面と投影面との交線上にあるが，この交線が x 軸に平行となることからも上の性質は理解できよう．したがって，以下では，$y_l' = y_r' = y'$ とし，$I_l(P) = (x_l', y', 0), I_r(P) = (x_r', y', 0)$ として話を進める．

空間の点とその投影像の関係を表す式 (1.3) に，上の状況をあてはめると，まず左の視点 E_l でとらえた像より

$$x_l' = (e_x^l z - e_z x)/(z - e_z), \tag{3.1}$$

$$y' = (e_y z - e_z y)/(z - e_z) \tag{3.2}$$

が得られ，右の視点 E_r でとらえた像より，さらに

$$x_r' = (e_x^r z - e_z x)/(z - e_z) \tag{3.3}$$

が得られる．これら 3 式を x, y, z を未知数とみなして整理すると，線形連立方程式

$$\begin{pmatrix} e_z & 0 & x_1' - e_x^{\,1} \\ 0 & e_z & y' - e_y \\ e_z & 0 & x_r' - e_x^{\,r} \end{pmatrix} \begin{pmatrix} x \\ y \\ z \end{pmatrix} = \begin{pmatrix} x_1' e_z \\ y' e_z \\ x_r' e_z \end{pmatrix} \qquad (3.4)$$

が得られる.これを解いて

$$x = \frac{1}{D} \begin{vmatrix} x_1' e_z & 0 & x_1' - e_x^{\,1} \\ y' e_z & e_z & y' - e_y \\ x_r' e_z & 0 & x_r' - e_x^{\,r} \end{vmatrix}, \qquad (3.5)$$

$$y = \frac{1}{D} \begin{vmatrix} e_z & x_1' e_z & x_1' - e_x^{\,1} \\ 0 & y' e_z & y' - e_y \\ e_z & x_r' e_z & x_r' - e_x^{\,r} \end{vmatrix}, \qquad (3.6)$$

$$z = \frac{1}{D} \begin{vmatrix} e_z & 0 & x_1' e_z \\ 0 & e_z & y' e_z \\ e_z & 0 & x_r' e_z \end{vmatrix} \qquad (3.7)$$

を得る.ただし,D は式 (3.4) の係数行列の行列式

$$D = e_z^{\,2}(x_r' - e_x^{\,r} - x_1' + e_x^{\,1}) \qquad (3.8)$$

である.

このように,二つの視点 E_l, E_r で空間の 1 点 P をとらえて,その投影像 $I_l(P) = (x_1', y', 0)^t, I_r(P) = (x_r', y', 0)^t$ を得れば,P の座標は式 (3.5), (3.6), (3.7) によって求めることができる.この原理は,**両眼立体視** (binocular stereo) とよばれる.E_r と E_l を結ぶ線分は,この両眼立体視の**基線** (base line) とよばれる.

以上の考察では,二つの投影面は同じ平面の上にあり,さらに二つの視点は投影面から等しい距離だけ離れているものと仮定した.

しかし,これらの仮定は議論を簡単にするために導入したものであり,両眼立体視のために必要な条件というわけではない.実際,図 3.2 に示すように任意の既知の二つの視点と投影面を使って,二つの視点から点 P を臨む視線方向がわかれば,基線とその二つの視線で囲まれる三角形が確定し,点 P の 3 次元位置が決まる.

ただし,二つの投影面 I_l と I_r 上に勝手に像の位置を指定したとき,点 P が

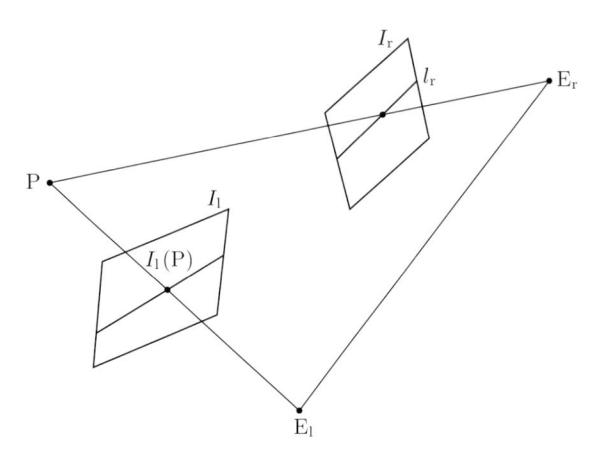

図 3.2 任意の視点による両眼立体視とエピポーラ拘束.

求まるわけではない．なぜなら，二つの視点から勝手に視線を伸ばすと，一般にそれらはねじれの位置をなし，三角形ができないからである．すなわち，3次元空間に現実に存在する点 P の二つの像 $I_l(P), I_r(P)$ の間にはある関係が成り立つ．

今，未知の点 P の左の視点による像 $I_l(P)$ が得られたとしよう．このとき $E_l, E_r, I_l(P)$ の3点を通る平面を π とすると，P は π に含まれる．π と右側の投影面 I_r との交線を l_r としよう．E_r から P を臨む視線も π に含まれるから，P の E_r から見た像 $I_r(P)$ は l_r に含まれる．すなわち，左目の像 $I_l(P)$ が決まると，右目の像 $I_r(P)$ は一つの直線 l_r 上に拘束される．この拘束は**エピポーラ拘束** (epipolar constraint) とよばれる．

E_l を始点とし，E_r を終点とするベクトルを $\boldsymbol{b} = \overrightarrow{E_l E_r}$ とおく．そして，E_l から P を臨む視線方向の単位ベクトルを $\boldsymbol{v}_l$，E_r から P を臨む視線方向の単位ベクトルを $\boldsymbol{v}_r$ とする．このとき，$\boldsymbol{b}$ と $\boldsymbol{v}_l$ の外積 $\boldsymbol{b} \times \boldsymbol{v}_l$ は平面 π に垂直なベクトルとなり，$\boldsymbol{v}_r$ は π に平行だから，$\boldsymbol{b} \times \boldsymbol{v}_l$ と $\boldsymbol{v}_r$ は直交する．すなわち，これら二つのベクトルの内積は0となるから，

$$(\boldsymbol{b} \times \boldsymbol{v}_l) \cdot \boldsymbol{v}_r = 0 \tag{3.9}$$

が成り立たなければならない．これがエピポーラ拘束の表現である．

3次元空間に実際に存在する点 P を二つの視点でとらえた像の間には，この

エピポーラ拘束が成り立たなければならない．逆に，エピポーラ拘束を満たす左右の像の対が与えられれば，対応する二つの視線は交わるから，もとの点 P が復元できる．これが両眼立体視の最も一般的な形である．

　両眼立体視は，3 次元空間の 1 点の像だけからその点の位置が復元できるという意味で単純である．そのため，ロボットなどの視覚としても好んで利用されている．そこでは，2 台のカメラで外の世界を撮影し，その画像を得てから，外の世界の 1 点が左右の画像のどこに写っているかを判定しなければならない．この対応点の決定が，ロボットの視覚にとって最も難しい課題となる．これを少しでもやさしくしようとして，2 台のカメラは図 3.2 のような一般の配置ではなく，図 3.1 に示すような配置に置くことが多い．こうすれば，エピポーラ拘束は，「対応点は同じ y 座標をもつ」という形に言い直すことができ，対応点の探索は，左右の画像の同じ水平走査線の上で行えばよいことになる．

　それでもなお対応点決定問題はやさしくはなく，両眼立体視を自動化する上での最も困難なボトルネックとなっている．そこで，この問題を回避するために，図 3.3 に示すように，一方の目を光源に置き換えて対象にスポット光を当て，その像をもう一方の目でとらえるという方法も使われている．光の投影方向はわかっており，それに対応する点の探索は，「画像の中の最も明るい 1 点を抽出する」という単純作業に置き換えられるため，高い信頼性で対応が決定できる．しかし，光源から光が出る方向を少しずつ変えながら，物体表面の明る

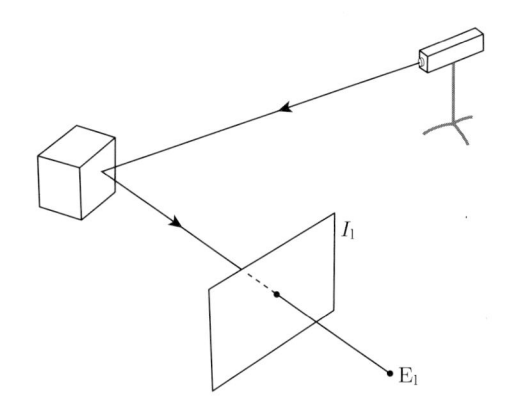

図 3.3　一方の目を光源に置き換えた両眼立体視．

く光った点の像を観測するため，物体表面全体について計測するのには時間がかかる．

この計測時間を短縮するために，光源から出す光を線光ではなく縦方向の面光に置き替える工夫もよくなされる．この場合には，カメラでとらえられる光の像は点ではなくて線であるが，エピポーラ拘束があるために，面光に含まれるそれぞれの視線方向の像を分離することができる．その結果，一つの面光に含まれる多くの投影方向のスポットの位置を同時に検出するのと等価な情報が得られ，計測時間を格段に短縮することができる．この立体計測法は，**光切断法** (light section method) とよばれている．

3.2　運動立体視

列車の窓から外を眺めると，まわりの景色は後ろへ流れていく．このとき近くの景色は速く動き，遠くの景色はゆっくり動く．だから，景色が後ろへ流れる速さの違いから，近くの景色と遠くの景色を区別できる．このように，まわりの世界に対して相対的に視点が動くと，まわりの世界を投影した像も動く．そしてその動き方の違いから，近くのものと遠くのものを区別できる．

まわりの世界に対して相対的に観測システムが動くとき，投影面上の像も動く．投影面上の各点 (x,y) における像の動きの速度ベクトルを $\boldsymbol{f}(x,y)$ としよう．$\boldsymbol{f}(x,y)$ は投影面上の速度ベクトル場であり，**オプティカルフロー** (optical flow) とよばれる．このオプティカルフローが与えられたとき，まわりの世界に対する観測システムの相対的な動きと，まわりの世界の奥行きに関する情報を復元しようとするのが**運動立体視** (motion stereo) である．

観測システムは静止しており，それに相対的にまわりの世界が一つの剛体として動いているとする．観測システムに固定した (x, y, z) 3次元直交座標系を考え，視点はこの座標系の原点にあり，投影面は原点を中心とする半径 1 の球面であるとする．

観測システムに対するまわりの世界の各瞬間の動きは，並進と回転の合成で表現できる．

まず，この動きが回転を含まず，z 軸正方向への並進のみからなる場合を考えよう．このときには，図 3.4(a) に示すように，投影面である単位球面におい

3.2 運動立体視 43

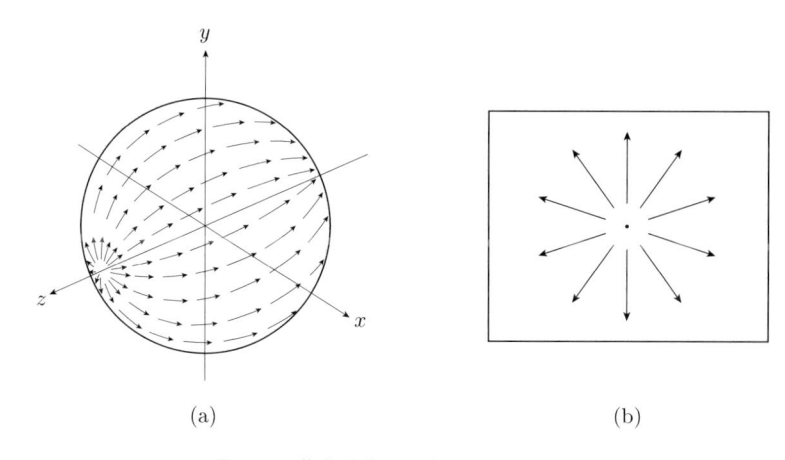

図 **3.4** 並進運動のオプティカルフロー．

ては，$z=1$ の点から $z=-1$ の点へ向かって（地球にたとえれば，北極から南極へ向かって）大円に沿って像が流れるであろう．したがって，もし投影面が z 軸に垂直な平面であったら，図 3.4(b) に示すように，中央の点から放射状にまわりへ広がる流れが生じるであろう．この流れのベクトル場を計算してみよう．

空間の 1 点 P の時刻 0 における座標を $P = (x, y, z)^t$ とする．そして，この点が，z 軸に平行に負の方向へ速さ v で動くことによって，時刻 t では $P(t) = (x(t), y(t), z(t))^t$ に移るとしよう．このとき $x(t) = x, y(t) = y, z(t) = z - vt$ であるから，

$$P(t) = (x, y, z - vt)^t \tag{3.10}$$

となる．$P(t)$ の単位球面上への投影像 $I(P(t))$ は，$P(t)$ と同じ方向の単位ベクトルであるから

$$I(P(t)) = \frac{1}{\sqrt{x^2 + y^2 + (z-vt)^2}} (x, y, z - vt)^t \tag{3.11}$$

となる．

時刻 0 において，P と同じ視線方向にあり，視点からの距離が P までの距離の r 倍の点を Q とする．$Q = (rx, ry, rz)^t$ である．上と同じ並進運動による時刻 t における Q の位置は $Q(t) = (rx, ry, rz - vt)^t$ であるから，その投影像

$I(Q(t))$ は，式 (3.11) の x, y, z のかわりにそれぞれ rx, ry, rz を代入して得られる．したがって，

$$I(Q(t)) = \frac{1}{\sqrt{(rx)^2 + (ry)^2 + (rz-vt)^2}}(rx, ry, rz-vt)^{\mathrm{t}}$$
$$= \frac{1}{\sqrt{x^2 + y^2 + \left(z - \frac{v}{r}t\right)^2}} \left(x, y, z - \frac{v}{r}t\right)^{\mathrm{t}} \quad (3.12)$$

である．

式 (3.12) を式 (3.11) と比べると，点 Q の見かけの速さは，点 P の見かけの速さの $1/r$ 倍となることがわかる．すなわち，並進運動によって生じるオプティカルフローの大きさは，視点からの距離が r 倍になると，$1/r$ 倍になる．このように，オプティカルフローの大きさから対象までの相対的な距離がわかる．ただし，並進運動の速さ v を知らないと，視点からの絶対的な距離はわからない．

次に，この動きが並進は含まず，z 軸のまわりの回転速度 ω の回転だけからなるとしよう．このときには，図 3.5(a) に示すように，投影面である単位球面には，z 軸を回転軸とする回転のベクトル場が生じるであろう．もし，投影面が z 軸に垂直な平面なら，図 3.5(b) に示すように，このベクトル場は，中央を中心とする同心円の流れを生じるであろう．このベクトル場を計算してみよう．

外の世界の 1 点の時刻 0 における位置を $P = (x, y, z)^{\mathrm{t}}$ とし，この点が z 軸

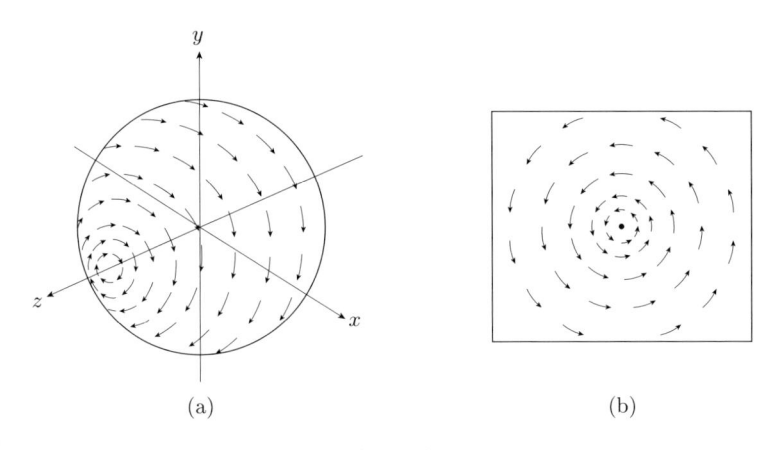

図 3.5 回転運動のオプティカルフロー．

のまわりに角速度 ω で回転していて，時刻 t では $\mathrm{P}(t) = (x(t), y(t), z(t))^{\mathrm{t}}$ の位置にあるとしよう．回転軸は z 軸に一致しているから，$z(t) = z$ である．すなわち，$\mathrm{P}(t)$ は xy 平面に平行な平面内で動く．

$t = 0$ での点 $\mathrm{P} = (x, y, z)^{\mathrm{t}}$ は，z 軸から $\sqrt{x^2 + y^2}$ だけ離れているから，ある ω_0 を用いて $\mathrm{P} = (\sqrt{x^2+y^2}\cos\omega_0, \sqrt{x^2+y^2}\sin\omega_0, z)^{\mathrm{t}}$ と書きかえることができる．そして，時刻 0 から時刻 t までの間に，この点は z 軸のまわりに ωt だけ回転するから

$$\mathrm{P}(t) = (\sqrt{x^2+y^2}\cos(\omega_0 + \omega t), \sqrt{x^2+y^2}\sin(\omega_0 + \omega t), z)^{\mathrm{t}} \tag{3.13}$$

となる．

これを投影面である単位球面に投影した像 $I(\mathrm{P}(t))$ は，$\mathrm{P}(t)$ と同じ方向をもつ単位長のベクトルで表されるから

$$\begin{aligned}
&I(\mathrm{P}(t)) \\
&= \frac{(\sqrt{x^2+y^2}\cos(\omega_0+\omega t), \sqrt{x^2+y^2}\sin(\omega_0+\omega t), z)^{\mathrm{t}}}{\sqrt{(\sqrt{x^2+y^2}\cos(\omega_0+\omega t))^2 + (\sqrt{x^2+y^2}\sin(\omega_0+\omega t))^2 + z^2}} \\
&= \frac{1}{\sqrt{x^2+y^2+z^2}}(\sqrt{x^2+y^2}\cos(\omega_0+\omega t), \sqrt{x^2+y^2}\sin(\omega_0+\omega t), z)^{\mathrm{t}}
\end{aligned} \tag{3.14}$$

となる．

P と同じ視線方向にあって，視点からの距離が P までの距離の r 倍の点を Q としよう．すなわち $\mathrm{Q} = (rx, ry, rz)^{\mathrm{t}}$ である．Q の時刻 t における位置 $\mathrm{Q}(t)$ の像 $I(\mathrm{Q}(t))$ は，式 (3.14) の x, y, z の代わりにそれぞれ rx, ry, rz を代入して得られる．したがって，

$$\begin{aligned}
&I(\mathrm{Q}(t)) \\
&= \frac{1}{\sqrt{(rx)^2+(ry)^2+(rz)^2}} \\
&\quad \times \left(\sqrt{(rx)^2+(ry)^2}\cos(\omega_0+\omega t), \sqrt{(rx)^2+(ry)^2}\sin(\omega_0+\omega t), rz\right) \\
&= \frac{1}{r\sqrt{x^2+y^2+z^2}}\left(r\sqrt{x^2+y^2}\cos(\omega_0+\omega t), r\sqrt{x^2+y^2}\sin(\omega_0+\omega t), rz\right) \\
&= I(\mathrm{P}(t))
\end{aligned} \tag{3.15}$$

が成り立つ．

式 (3.15) は，同じ視線方向にある点の投影像は，回転によって全く同じに振舞うことを意味している．すなわち，回転運動によって生じるオプティカルフローは，視点から対象までの奥行きに関する情報をもっていない．このように，静止した外の世界に対して相対的に観測システムが回転しても，外の世界までの距離に関する情報は全く得られないのである．

以上で見てきたように，視点から対象までの距離の情報は，平行移動によって生じるオプティカルフローには含まれているのに対して，回転によって生じるオプティカルフローには含まれていない．したがって，運動立体視によって外の世界を知るためには，まず，オプティカルフローを回転による成分と並進による成分に分けなければならない．

ところで，運動立体視による立体復元を論じる際には，外の世界に対して観測システムがどのように動いているかはわかっていないものと考える．なぜなら，もし動きがわかっていれば，観測システムの時刻 0 と時刻 t での相対的な位置と向きがわかるため，その二つの視点を使った両眼立体視と等価な状況に帰着できるからである．

一方，未知の世界において観測システムが未知の動きをしたときのオプティカルフローから，回転の成分と並進の成分を分離することは，一般には容易ではない．ここでは，この分離が容易にできる一つの場面を紹介しよう．

それは，同一の視線方向に 2 種類の奥行きの対象が観測できる場合である．たとえば，ステンドグラスのような模様のある窓ガラスを通して外の景色が見えているとしよう．この場合には，同一の視線方向に窓ガラスの模様と外の世界が重なって見える．そして，観測者が未知の動きをしたとき，その両方が同時に動いて見える．もし二つの像が重なったまま一緒に動き，全くずれなかったら，観測者の動きは並進を含まず，純粋な回転である．もし，二つの像が異なる動きをしたら，観測者の動きは並進成分を含んでいる．

今，時刻 0 において，視点から出る n 本の半直線のそれぞれの上に，窓ガラス上の点 P_i ($i = 1, 2, \ldots, n$) と外の景色の点 P_i' が重なって見えているとしよう．P_i と P_i' の視点からの距離を d_i と d_i' とする．d_i, d_i' は未知である．そして，時刻 t において，観測システムとともに動く座標系に関してそれらの点が $P_i(t), P_i'(t)$ へ移ったとしよう．投影面は平面とする．点 $P_i(t), P_i'(t)$ の投影像を $I(P_i(t)), I(P_i'(t))$ とおく．

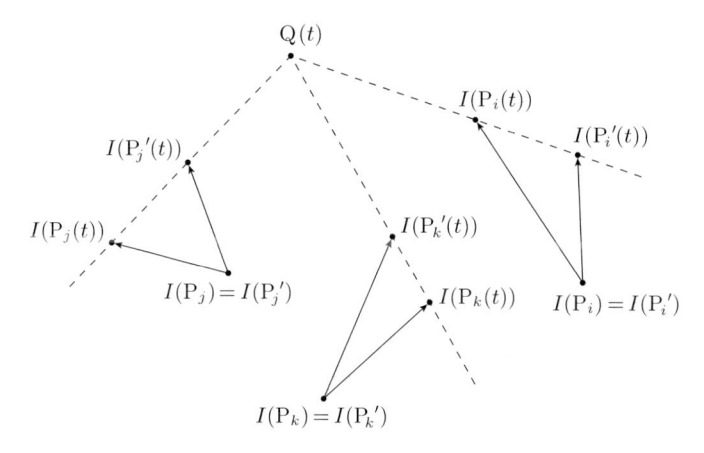

図 3.6 重なった点の微小時間後の位置.

図 3.6 に示すように，時刻 0 で重なっていた投影像 $I(P_i)$ と $I(P_i')$ が，時刻 t においては異なる位置 $I(P_i(t)), I(P_i'(t))$ へ移ったとしよう．$I(P_i(t))$ と $I(P_i'(t))$ のずれは並進によるものであるから，時間 t が微小ならば $I(P_i(t))$ と $I(P_i'(t))$ を通る直線の方向が，並進によるオプティカルフローの向きとなる．並進によるオプティカルフローは，1 点から放射状に伸びる直線上を動くから，$i = 1, 2, \ldots, n$ に対して，図 3.6 に示すように $I(P_i(t))$ と $I(P_i'(t))$ を通る n 本の直線は投影面上の同一の点で交わるはずである．この点を $Q(t)$ とおく．

二つの時刻 t_1 と t_2 においてこのような交点 $Q(t_1), Q(t_2)$ を求め，それらが重なるように時刻 t_1 と t_2 の投影面を平行移動したのち，その点を中心として一方の投影面を回転させると，図 3.7 に示すように，$i = 1, 2, \ldots, n$ に対して，4 点 $I(P_i(t_1)), I(P_i'(t_1)), I(P_i(t_2)), I(P_i'(t_2))$ が同一直線上に並ぶようにできるはずである．このような位置へ投影面を移動すると，時刻 t_1 から時刻 t_2 までの間の動きから，オプティカルフローは

$$\frac{I(P_i(t_2)) - I(P_i(t_1))}{t_2 - t_1}, \quad \frac{I(P_i'(t_2)) - I(P_i'(t_1))}{t_2 - t_1} \tag{3.16}$$

によって近似的に求めることができる．このフローベクトルの大きさの比は，P_i と P_i' の視点からの距離に反比例するから

$$\frac{d_i'}{d_i} = \frac{|I(P_i(t_2)) - I(P_i(t_1))|}{|I(P_i'(t_2)) - I(P_i'(t_1))|} \tag{3.17}$$

48 第3章 立体視の三つの原理

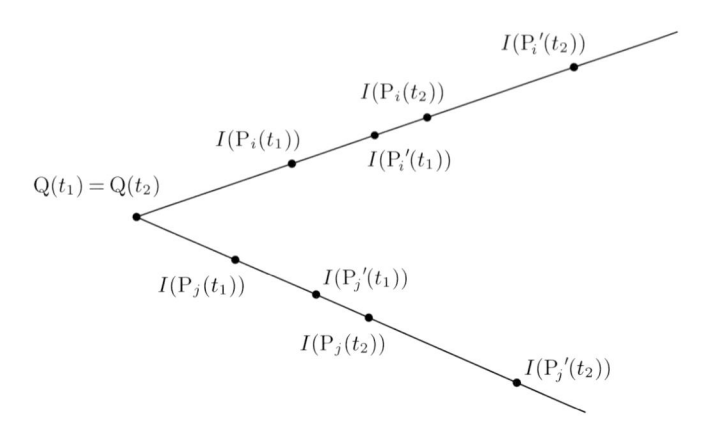

図 3.7 重なっていた点のオプティカルフローの向きが揃うように平行移動と回転を施した結果.

が得られる．これによって，時刻 0 で重なって見えた二つの点 P_i, P_i' の奥行きの比が定まる．

　運動立体視のもう一つの大きな課題は，いかにしてオプティカルフローを検出するかである．投影像の中の特徴的な点に対しては，その点の像を追跡すればオプティカルフローが得られる．一方，そのような特徴的な点のないところでは，オプティカルフローを得ることは難しい．たとえば，図 3.8 に示すように，投影像の中に特徴的な直線があり，それが微小時間の間に平行に動いたとしよう．このとき，直線上の 1 点が，移った先の直線上のどこにあるかは，図

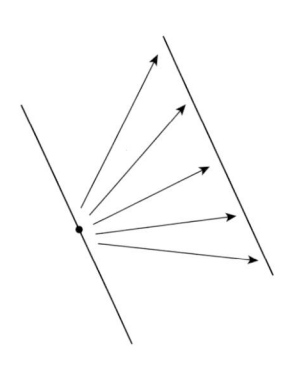

図 3.8 エッジの動きの不確定性.

中の矢印で示すように多くの可能性があり，どれが本当の動きなのかは直線の端点などの手がかりがないと確定できない．このあいまい性もイリュージョンの温床である．

3.3　単眼立体視

　両眼立体視と運動立体視は，3次元空間に実際に存在する形や動きの情報を視覚データとして収集し，それを解析することによって，データの発信源としてのもとの立体を復元する原理である．一方，私たちは，絵画や写真からもそこに写されている立体を生き生きと知覚できる．しかし，この場面では，両眼立体視も運動立体視も無力である．なぜなら，これらの原理に基づいて立体を復元すると，絵や写真が置かれている1枚の平面が立体として復元されるだけで，そこに写されている内容の知覚とは無関係だからである．

　絵や写真のように1枚の面に投影された像から，そこに写されている立体を知覚できるということは，一つの静止した視点から（つまり一つの目だけで），静止した外の世界を眺めても，外の世界の形を知覚できるということを示している．このように一つの静止した視点で外の世界を眺めて立体を復元する仕組みは，**単眼立体視** (monocular stereo) とよばれる．

　この単眼立体視は，両眼立体視や運動立体視とは少し性質が異なる．なぜなら，両眼立体視と運動立体視では，得られた投影像の情報から，純粋に数理的な原理に基づいて立体を復元できたのに対して，1枚の投影図だけからは，立体の形を一義的に復元することはできないからである．投影によって，そもそも奥行きに関する情報は失われる．それを復元するためには投影図のもっている情報に加えて，別の情報も使わなければならない．これは，「予備知識」，「常識」，「先入観」，「思い込み」などとよばれる情報に対応する．

　このように単眼立体視は，投影図の情報に加えて何らかの付加情報があることを仮定し，投影像と付加情報の両方の情報から立体を復元するという形をとる．したがって，付加情報に関する仮定が正しければ正しく立体を復元できるが，仮定が誤っていると復元結果も誤ったものになるという危うさがある．これは別の見方をすれば，イリュージョンの宝庫でもある．

　さらに，利用する投影図の中の情報と付加情報には，いろいろな組合せがあ

る．したがって，単眼立体視は一つの数理的な立体視の仕組みではなく，多種類の仕組みの総称である．

ここで論じる単眼立体視では，視点から対象までの絶対的な距離の情報は得られない．なぜなら，立体 S を視点 E で見て得られる中心投影図は，E を中心として，S を含む空間全体を任意の倍率で拡大または縮小したとき得られる立体 S' の中心投影図と一致するからである．したがって，単眼立体視で復元できるのは，空間の拡大・縮小に依存しない面の傾きなどの情報のみである．

平面の傾きは自由度 2 をもつ．すなわち，二つのパラメータを指定すると決まる．たとえば平面の単位法線ベクトルを $\boldsymbol{n} = (n_x, n_y, n_z)$ とすると，成分は 3 個あるが，$n_x^2 + n_y^2 + n_z^2 = 1$ という制約があるから，これら三つの成分のうち二つを指定すれば法線方向——すなわち面の傾き——が定まる．

対象が曲面で覆われていても，その表面の平面とみなせる微小部分を考えれば，やはりその傾きの自由度は 2 である．単眼立体視は，この自由度の一部または全部を拘束する原理ということができる．

次に，単眼立体視の代表的なものを概観する．

3.3.1 既知の形の見かけの歪みからの傾きの復元

3 次元世界での円板が，ある方向から見たとき図 3.9 に示すように楕円に見えたとしよう．この図に示すように，楕円の長軸が x 軸に平行で，楕円の最も下の点が投影面の原点に一致するとする．投影面を視点のまわりで回転させてこの状態へ移すことはいつでもできたから，このように仮定しても一般性は失われない．投影面上でのこの楕円の長軸の長さが a で，短軸の長さが b であったとする．

最初に，これが垂直投影によって得られたものだとしよう．そして，同図の (b) に示すように，円板が x 軸に平行な軸のまわりに y 軸から θ だけ回転した平面に載っているものとする．このときには

$$b = a\cos\theta \tag{3.18}$$

が成り立つ．したがって，円板の向きは $\theta = \arccos(b/a)$ によって求めることができる．ただし，これを満たす θ は $-\pi < \theta < \pi$ の間に一般には二つある．実際，同図 (b) の実線と破線の二つの円板（図ではこの円板を横から見ている

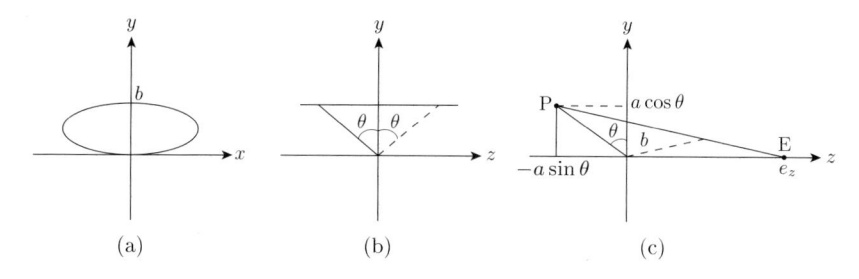

図 **3.9** 円の見かけの歪みによる拘束.

から線分で描かれている）が，同じ楕円の像を投影面にもたらす．したがって，そのいずれであるかは，他の情報を利用しないと決定できない．

次に，同図 (a) の楕円が，同図 (c) に示すように，視点 $E = (0, 0, e_z)$ から見た中心投影像である場合を考えよう．この議論に入る前に，円板を中心投影して得られる像が，厳密に楕円になることを注意しておこう．中心投影では，遠いものが近くのものより小さく写るから，円板を傾けると近い部分と遠い部分で大きさが変わって「卵形」になってしまうのではないかという疑問をもたれる方もいるかもしれない．しかしそうではなくて，像は楕円となる．これは射影変換のもとでの 2 次曲線の不変性であり，性質 2.3 で見たとおりである．

同図 (c) に示すように，円板と y 軸とのなす角を θ とし，この円板の最も上の点を P とする．このとき，$P = (0, a\cos\theta, -a\sin\theta)^{\mathrm{t}}$ である．一方，E と P を結ぶ直線が E から P を臨む視線であるから，これと y 軸との交点が P の投影像であり，その y 座標の値は b である．図中の E を頂点とする二つの三角形の相似性より

$$\frac{a\cos\theta}{e_z + a\sin\theta} = \frac{b}{e_z} \tag{3.19}$$

が成り立つ．ここで $\xi = \sin\theta$ とおくと，$\cos\theta = \sqrt{1 - \xi^2}$ であるから，上の式は

$$ae_z\sqrt{1 - \xi^2} = b(e_z + a\xi) \tag{3.20}$$

となり，両辺を 2 乗して整理すると

$$(a^2 e_z^2 + a^2 b^2)\xi^2 + 2ab^2 e_z \xi + (b^2 - a^2)e_z^2 = 0 \tag{3.21}$$

が得られる．この式から ξ を求めれば，$\theta = \arcsin \xi$ によって θ を求めることができる．ただし，この場合も $-\pi < \theta < \pi$ において，一般に θ は二つの値をとる．実際，それらは同図 (c) の実線と破線に対応する．実際の円板がそのどちらであるかは，円板の投影図だけでは決定できない．

3.3.2 模様の密度差からの傾き拘束

図 3.10(a) に示すように，平面が一様な密度の粒状模様で覆われていたとしよう．この面が傾くと，同図の (b) に示すように密度が高くなる．この模様を正面の無限遠方とみなせるだけ十分遠いところから見たときの密度を D とし，模様のある平面が xy 平面から θ だけ傾いた場合の模様の密度を D' としよう．同図 (c) からわかるように

$$\cos \theta = \frac{D}{D'} \tag{3.22}$$

が成り立つ．したがって，模様の真の密度 D と見かけの密度 D' がわかれば，面の傾きは $\arccos(D/D')$ によって求められる．ただし，この場合も $-\pi < \theta < \pi$ の間に 2 個の答があり，それらは同図の実線と破線である．また，どちらの方向へ θ が傾いているかも，これだけでは不明である．すなわち，模様の密度の情報は，その模様が載っている平面の傾きに関して 1 自由度分の情報をもたらす．

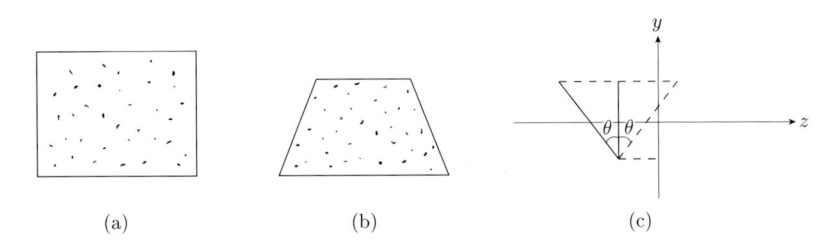

図 **3.10** 粒状模様の見かけの密度による拘束．

3.3.3 明るさの濃淡分布からの傾き拘束

立体の表面が一様な色と材質で覆われていても，照明の当たり方は一様ではないから，場所によって明るさの差が生じる．立体表面の 1 点を P とする．図

3.3 単眼立体視

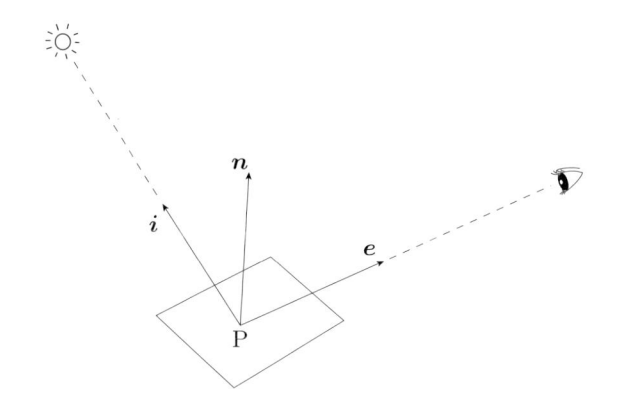

図 3.11 微小面領域の法線方向と入射方向と視点方向.

3.11 に示すように，P の近傍の平面とみなせる微小領域の単位法線ベクトルを n，P から光源へ向かう単位ベクトルを i，P から視点へ向かう単位ベクトルを e とする．また，P には光源からの照明光が直接届いているとする．このとき視点に届く光の強さが i と n と e の関数として $I(i,n,e)$ で表されているとしよう．実際には，視点に届く光の強さは，光源の強さ，光源から P までの距離，P から視点までの距離にも依存するが，今考えている立体の存在する領域では，これらの値はほぼ一定であるとみなそうというわけである．

今，関数 $I(i,n,e)$ がわかっているものとしよう．すなわち，見ている立体までのおおよその奥行き，照明光源の位置，立体表面の反射に関する性質がわかっているものとする．視点で撮影したこの立体の濃淡画像の着目する 1 点 (x,y) における明るさが $g(x,y)$ であったとしよう．このとき，その点に写っている立体表面の微小面領域の法線方向 n に関しては

$$g(x,y) = I(i,n,e) \tag{3.23}$$

が満たされなければならない．これは，$i, e, g(x,y)$ が与えられたとき，面の傾き n を制約する式である．このように，1 点の明るさがわかると，それに対応する立体表面の傾きに関して 1 自由度が拘束される．

立体表面の光学的性質によって，$I(i,n,e)$ は多様に変わる．その中で最も単純な両極は完全鏡面と完全拡散面である．

完全鏡面は，理想的な鏡として振舞う．i と n が含まれる平面内で，n に関

して i と対称な方向の単位ベクトルを $e^*(i,n)$ とする．完全鏡面では，光源から P へ届いた光は $e^*(i,n)$ の方向のみへ反射する．すなわち

$$I(i,n,e) = \delta(e - e^*(i,n)) \tag{3.24}$$

である．ここに，$\delta(x)$ はベクトル変数 x のデルタ関数で，$\delta(\mathbf{0}) = \infty, \delta(x) = 0 \; (x \neq \mathbf{0}), \int \delta(x) \mathrm{d}x = 1$ を満たす．ただし，積分は 3 次元空間のすべての方向にわたってとったものである．

一方，完全拡散面は，視点に届く光の強さが，光源方向 i と法線方向 n のなす角の余弦に比例するというモデルである．すなわち

$$I(i,n,e) = i \cdot n \tag{3.25}$$

である．これは，視点方向に依存しない．石膏などのつやのない面が完全拡散面に近い．

一般の立体は，完全鏡面でも完全拡散面でもないが，実際に関数 $I(i,n,e)$ の形を計測によって求めることができる．そのためには，照明環境を固定して，調べたい材質をもった球をその環境に置いてさまざまな方向から撮影すればよい．球は，あらゆる法線方向の点をもっているから，球のそれぞれの場所の濃淡値から，その照明環境での $I(i,n,e)$ が求められる．

$I(i,n,e)$ がわかっている環境で，立体表面の各点 $(x,y)^\mathrm{t}$ での濃淡値 $g(x,y)$ がわかれば，式 (3.23) によってその点での法線方向について 1 自由度分が拘束される．これが，濃淡による立体視である．

単眼立体視の手がかりとなるものには，このほかにも立体の他の部分の影の落とし方，カメラで撮影したときの像のボケ方，霞がかかった風景のコントラストの差など，いろいろ考えられる．第 1 章で見た，平行線群が投影図の中に作る消点などもその例である．

第4章　遠近法と錯視

遠近法に基づいて描いた絵では，視点に近いところと視点から遠いところが明確に区別できる．この性質を逆手にとることによって，実際とは異なる知覚を人に与えることができる．本章では，そのような知覚現象の代表的なものを眺めよう．

4.1　遠近法がもたらす距離感覚

遠近法によって，距離感のある絵を描くことができ，そこに描かれている対象を近いものと遠いものに明確に区別することができる．このことは，別の言葉で言うと，遠近法で描いた絵のそれぞれの場所には，視点からの距離というスカラー場——正確な値というわけではなくて，おおよその値，あるいは相対的な値という漠然としたものではあるが——が与えられていると解釈することができる．

そのようなスカラー場に，新しい図形を置くと，それを見た人には，その図形がまわりのスカラー場の影響を受けた形で知覚される．その一例を図 4.1 に示す．この図には，周辺の近景から中央の遠景へ次第に遠ざかる景色が描かれている．そして，そこに人の形をした図形が 2 個置かれている．この二つの図形は全く同じ大きさである．しかし，右の方が左より大きく見えるであろう．

このように，知覚される主観的な大きさに違いが出るのは，遠近法がもたらす距離場の影響である．一般に，3 次元世界で同じ大きさをもつものは，投影図の中では，視点に近いほど大きく，視点から遠ざかるにつれて次第に小さく

図 4.1 遠近法がもちらす距離場.

なる．そのため，図 4.1 に置かれた二つの図形も，それぞれ周辺の距離場に応じて解釈される．したがって，物理的に同じ大きさ・形の二つの図形のうち，近景に置かれたものより遠景に置かれたものの方が大きく知覚されるわけである．

　同じような錯視をもたらす図の例をもう一つ示そう．図 4.2 の図には，机が二つ描かれている．この絵を見ると，左側のたてに置かれた机の方が，右側の横向きに置かれた机より長い方の辺がより長いと感じるであろう．しかし実は，机の上面に対応する絵の中の領域は，同じ大きさ・形の平行四辺形である．同じ大きさなのにもかかわらず，左の机の方が長い辺がより長いと感じるのも遠近法

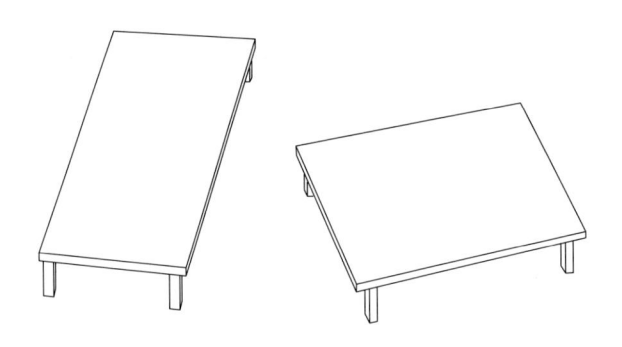

図 4.2 二つの机の錯視.

の影響である．

　机の上面は普通は水平な面となる．この絵は，その机の面を斜め上から見下ろすように描いてある．机の置かれている床の高さが異なることを示す手がかりは絵の中にはないから，二つの机の上面は床から同じ高さにあると考えてよかろう．そうなると，画面の上の方に配置されている左側の机の方が遠くにあることになる．二つの机を見比べると，遠くのものほど主観的には大きく見える．したがって，この絵の左側の机の長い辺が右より長いと感じるわけである．

　図 4.3 に示したのは，ボンゾーの錯視図形とよばれる図形である．この図に描かれている 2 本の水平な線分は，長さが等しい．しかし，人の目には，上の方が下より長く感じられる傾向がある．この錯視が生じる理由は，遠近法が作る距離の場によって説明できる．この図には，平行線以外に，平行ではないもう一組の線分対がある．これは，道路や線路を正面から見たときのように，中央上方に消点をもつ平行線の投影像であると解釈することもできる．この解釈のもとでは，絵の上の方が下の方より視点から測って遠方のものが描かれている．この距離場のもとでは，上の方に描かれている対象の方が下の方に描かれている対象より遠くにあることになり，したがって絵の中で長さが同じなので，上の対象の方が大きいと感じる．これが，ボンゾーの錯視の遠近法に基づいた説明である．

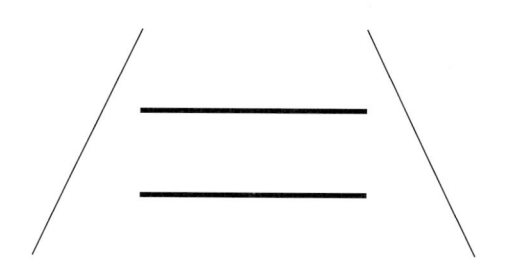

図 4.3　ボンゾーの錯視図形．

　次に，図 4.4 の図形を見てみよう．これはミューラー・リヤーの錯視図形とよばれる有名な錯視図形である．この図の (a) と (b) に描かれている縦の線分は，長さが等しい．しかし，(a) より (b) の方が長く感じられるであろう．
　この錯視の原因としては，いろいろな説が考えられているが，その一つは，こ

58　第4章　遠近法と錯視

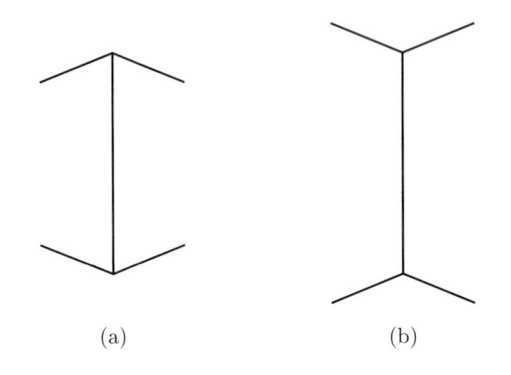

図 4.4　ミューラー・リヤーの錯視図形.

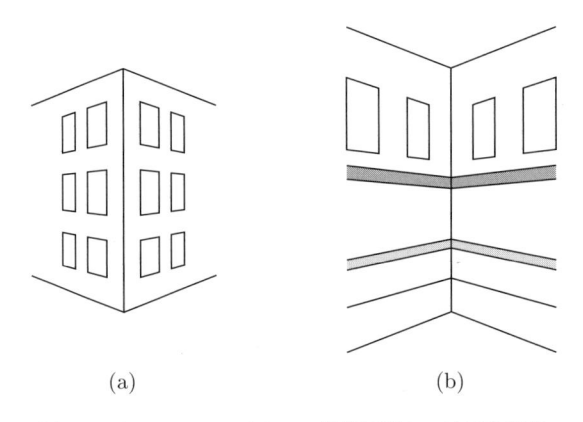

図 4.5　ミューラー・リヤーの錯視図形の 3 次元的解釈.

の図を遠近法的に解釈するものである．図 4.4(a) のように線分の両端から出る線が中央の縦の線と 90 度より小さい角度で伸びている図形は，図 4.5(a) に示すビルの中央の縦の線のように，視点に向かって山の尾根のように出っ張った稜線とその周辺で現れる．

一方，図 4.4(b) のように線分の両端から出る線が中央の縦の線と 90 度より大きい角度で伸びている図形は，図 4.5(b) に示す部屋のコーナーの縦の線のように，視点からは谷のように引っ込んでできた稜線とその周辺で現れる．

このように解釈すると，図 4.4(a) では中央が視点に近く，図 4.4(b) では中央が視点から遠い．視点に近いところと，視点から遠いところに同じ長さの線が

描かれていれば，遠くに描かれているものの方が主観的な大きさは大きくなる．したがって，図 4.4(b) の方が図 4.4(a) より縦の線が長く感じられるのである．

このように一見しただけでは，必ずしも 3 次元的な対象を描いたものとは思われない図形の錯視現象が，3 次元の形状を描いたものという解釈から生まれる距離場によって説明できることは，私にとっては驚きであった．

4.2 奥行きを誇張する舞台演出

同じ身長の人が二人いるときには，遠近法によるその像は，視点に近い人が大きく，視点から遠い人は小さくなる．この性質は，奥行き感を誇張するために利用できる．

歌劇の舞台などで，近景に主役が立ち，遠景に兵隊が並ぶ場面では，遠景の兵隊には子役を使うことが多いようである．図 4.6 に示すように，視点に近いところに，身長の大きい大人が立ち，視点から遠いところに身長の小さい子役が立ったとする．そして，その子役も大人の服装を身につけ，観客からは近景の人も遠景の人もどちらも大人に見えるとしよう．そのときには，観客は，どちらも同じ位の身長だという印象をもち，そのような身長になるまで，見えている像を視点から直線に沿って延長する．その結果，この図の破線のように，遠景の子役は実際より遠い位置に復元される．これによって，奥行きの限られた舞台を，より奥深く見えるように演出することができる．

図 4.6 に示すように，ある観客席から舞台手前の大人の役者までの距離が d_1，

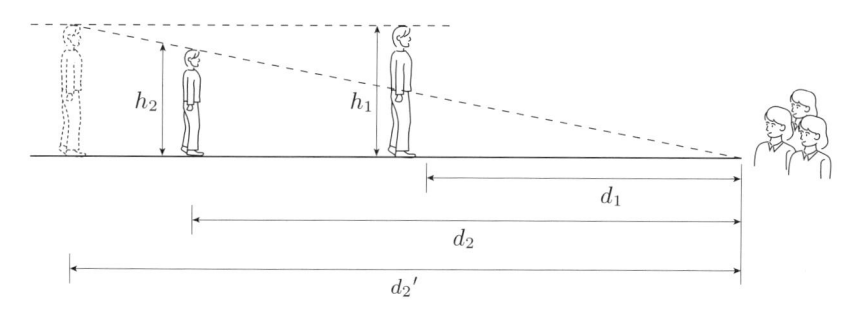

図 4.6 遠くの人が背が低いとより遠くに見える．

舞台奥の子役までの距離が d_2 であるとしよう．そして，大人の役者の身長が h_1，子役の身長が h_2 であったとしよう．このとき，図中の破線で示すように，観客から子役の身長が大人の身長と同じになるまで視線を伸ばして心理的に子役の位置を復元したとしよう．そして，観客席からその復元位置までの距離を d_2' としよう．このとき，$h_2/d_2 = h_1/d_2'$ であるから $d_2' = (h_1/h_2)d_2$ となる．すなわち，大人と子役の身長の比だけ子役の距離は実際より遠くに感じることになる．たとえば大人の身長が $h_1 = 180$cm，子役の身長が $h_2 = 150$cm であったとすると，観客席から子役までの距離は実際の $h_1/h_2 = 1.2$ 倍に感じられることになる．

同じようなトリックは，建物の高さや奥行きを誇張したいときにも利用できる（シェパード 1993）．たとえば図 4.7 に示すように，上の階ほど天井までの高さが低い建物を作ったとしよう．そして，それを下から見上げる場合を考えてみよう．もし，各階の天井までの高さが異なる理由が見つからなければ，同じ高さに作られていると無意識のうちに思うであろう．そして，実際に，各階の天井までの高さが同じになるまで見えている姿を視点から出る直線に沿って延長すると，この図の破線のように，心理的に実際より高い位置に建物が復元されることになる．

図 4.8 に示すように，入口 A から出口 B までトンネル型の通路があり，この通路は A から B へ向かってだんだん狭くなっているとしよう．そして奥へ行

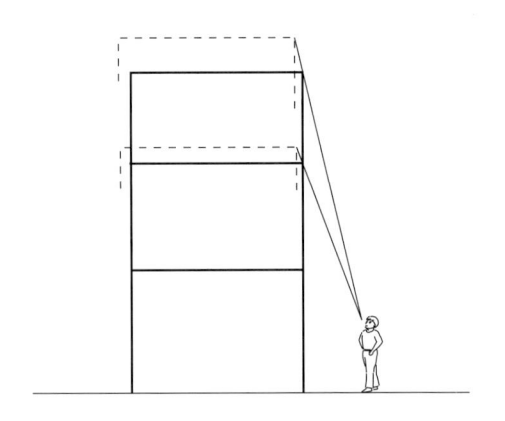

図 **4.7** 上へ行くほど小さい建物はより高く見える．

4.2 奥行きを誇張する舞台演出

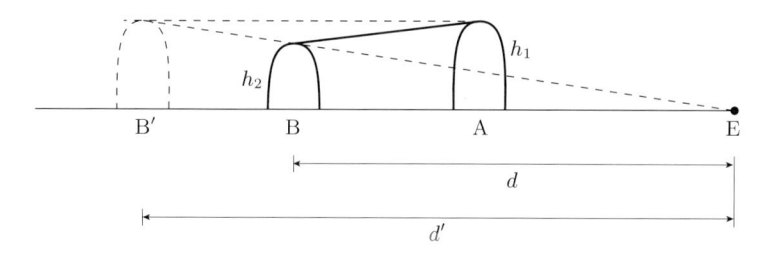

図 4.8 奥へ行くほど狭くなるトンネル．

くほど狭くなっていることを知らない人が，A 側の視点 E からこのトンネルをのぞいたとしよう．トンネルの大きさが変わらないと信じて，視点から直線に沿って見ている像を延長すると，この図の破線位置 B′ まで奥が深いと思ってしまう．

このトンネルの手前の点 A での高さが h_1，奥の点 B での高さが h_2 で，視点 E から B までの距離が d であるとする．B を見た人が高さが A と同じ h_1 になるまで視線を延長してトンネルの高さを心理的に復元したとすると，視点から復元した位置までの距離 d' は $d' = (h_1/h_2)d$ となる．

このトリックを実際に使ったことで有名な建築物の一つに，イタリアの建築家ボロニーニが設計したスパダ宮の柱廊がある．これは建物の外と中庭とをつなぐトンネル型の通路で，長さが 8m，入口の高さが $h_1 = 5.8$m，出口の高さが $h_2 = 2.4$m だそうである．通路の奥へ向かってかなり急激に天井が低くなっている．この通路を入口から 10m 手前に視点を置いて見たとすると，$d = 10 + 8 = 18$ であるから，心理的に知覚される視点から出口までの距離は，$d' = (h_1/h_2)d = (5.8/2.4) \cdot 18 = 40.5$m となる．したがって，通路自身は，約 30m の長さに感じられることになる．長さがたった 8m の通路を，長さが 30m の通路に見せるわけであるから，その効果は驚くべきものである．実際，この建築は，「建築学の手品」と称されている．

同じように，奥へ行くほど幅が狭く，柱の間隔も短く作ることによって，実際より奥行きを強調させるトリックが成功している例に，ヴァチカンのスカラ・レジアの室内階段がある．これもボロニーニの設計によるものである．階段の両側の壁の間隔は，登り口では 4.8m あるのに階段の一番上では 3.4m しかない．これによって，実際より奥の深い階段を演出することができている．

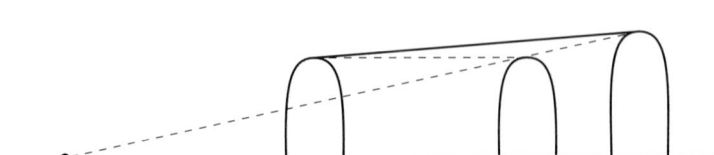

図 4.9 奥へ行くほど広くなるトンネル.

　一方，図 4.8 とは逆に，図 4.9 に示すように，このトンネルを B 側の視点 E′ からのぞくと，今度は，トンネルがこの図の破線位置 A′ までしかないように見え，奥行きが実際より短いという印象をもってしまう．

　このように，実際より近くに対象があるように見せる技術も建築の中ではよく使われている．やはり，ボロニーニの設計によるものであるが，イタリアのサン・ピエトロ寺院の前に伸びる通路は，手前ほど狭く，奥の寺院に近づくほど広く作ってある．その結果，寺院を正面から見ると，実際以上に近くへ迫って建っているように知覚され，巨大なモニュメントとしての威圧感を増幅する効果をもたらしている．

　同じようなトリックは，もっと古くは，ミケランジェロが元老院の前のカピトル広場を設計する際に用いている．

　このように，遠くのものは小さく見えることを逆手にとって，建物などを実際の形とは異なるように見せることができる．このトリックは，多くの建築家によって古くから利用されてきた．

　同じトリックは，ステージマジックの種としても利用できる．図 4.10 に示す

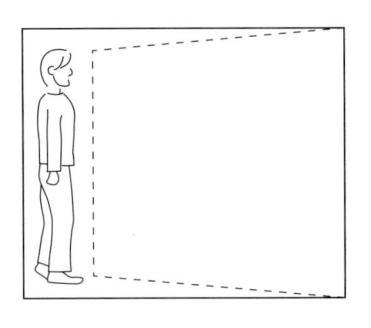

図 4.10 箱の奥の隙間の存在を隠す内壁.

ように，直方体の箱の内側に奥へ行くほど狭くなるもう一つの内壁を作る．これを正面から見た観客は，内壁が斜めの面でできていることに気づかなければ，遠近法的に知覚して，箱の奥の壁を実際より遠くにあると感じるであろう．したがって，実際には，箱の内壁の奥に隙間を作って人や物を隠すことができる．これを利用すれば，人が消えたり再び現れたりすることも可能になる．

4.3 マジックロード

マジックロード (magic road) とよばれる観光スポットが世界各地にある．これは，坂道の傾斜を，実際とは逆向きに知覚してしまう不思議な道路である．たとえば，韓国の済洲島にもこの名の観光スポットがある．観光バスが郊外のこのスポットに着くと，運転手さんはバスを止めてエンジンも切ってしまう．観光客には，バスの前方に緩やかな上り坂が伸びているように見える．ここで，運転手さんは，今からブレーキを外しますと説明しながら，ブレーキを踏んでいる足をゆっくり持ち上げていく．バスに乗っている観光客は，バスが後ろ向きに坂を下っていくだろうと予想するのであるが，この予想に反して，バスは前方に動き出す．ゆっくりと坂を登っていくように見えるのである．一瞬の静寂ののち，観光客からは驚きの歓声が上がる．

この現象を私は，(実際に巻尺で測ったわけではないが) 道路の幅のトリックだろうと思っている．少なくともそう理解すれば数理的に納得できる．もう少し詳しく説明すると，次のとおりである．

道路は，通常は同じ幅で伸びている．だから，知らない場所で初めての道路を見たときにも，特に幅が変わっているということを示す手がかりがなければ，道路の幅は一定だと無意識のうちに思うであろう．

今，図 4.11(a) に実線で示すように，観測者の前に伸びている道路が，遠くへ行くほど次第に幅が大きくなっているとしよう．観測者が，自分の足元での道路幅と同じ幅の道路だと思ったとする．その場合は，道路の両端へ伸ばした視線方向に，自分の足元と同じ幅の道路を復元しようとするであろう．すると，同図の破線で示すように，実際より手前に路面があると感じるであろう．その結果，実際の目の前の道路の傾斜より，上り方向に傾斜が大きいと感じることになる．

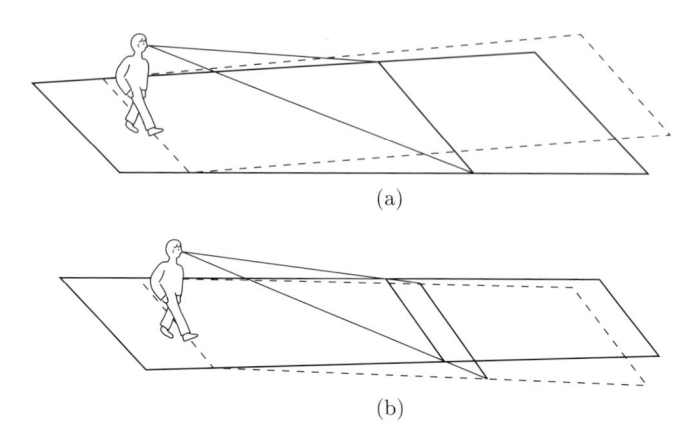

図 4.11 幅が一定でない道路の傾斜の知覚.

　逆に，図 4.11(b) に実線で示すように，遠くへ行くほど道路幅が狭くなっているとしよう．同じ幅で道路が伸びていると思っている観測者は，足元と同じ幅になるように視線方向に道路を復元しようとする．その結果，同図に破線で示すように，実際より遠くに路面があると感じるであろう．そして，実際の道路より，下り方向に傾斜が大きいと感じることになる．

　マジックロードとよばれる観光スポットは，意図して作られたものではなく，道路を作ってみたらたまたまそういうふうに見えたので，観光にも利用しているというのが実情のようである．しかし，上のようにそのトリックが理解できれば，マジックロードをその目的で作ることもできるはずである．その場合には，傾斜のイリュージョンを補強する目的で，まわりの環境にも手を加えることが有効であろう．たとえば道路の両側に立っている木々を少し斜めの方向に揃えて植え，その方向が鉛直方向であると思わせるなどである．

第5章

視点のマジック

絵や写真を眺めるときには，視点の位置が重要である．この視点が正しい位置からずれると，さまざまなイリュージョンの源泉となる．本章ではこのことを見てみよう．

5.1　奥行き感の喪失

遠近法で描いた絵を正しく見るためには，描いたときと同じ視点に目を置かなければならないことを性質1.5で述べた．たとえば，性質1.4に述べたように，直方体の投影図は，投影中心以外の位置に目を置いて見ても，直方体には見えない．

このように，遠近法で描かれた絵を正しく見ることのできる目の位置は一つしかない．それ以外の点に目を置いて絵を見ると，描かれたものとは違ったものを見ていることになる．カメラ撮影も遠近法と同じ原理であるから，写真を見るときにも事情は同じである．

では，正しい視点以外の点に目を置いて見たときには何がどのように違って見えるのであろうか．その典型的な例の一つは，次に見るような奥行き感の喪失である．

F1（エフワン）とよばれる競技用自動車のスピードレースをテレビや映画で見たことのある読者は多いであろう．そのとき，レースのシーンを横からとらえた映像では前後の車の距離が非常に離れているのに，同じシーンを正面からとらえた映像では，前後の車の距離が異常に接近しているような印象をもつと

図 5.1 カーレースを正面からとらえた映像．

いう経験をされた読者が多いのではないだろうか．この状況を模式的に示したのが図 5.1 である．レースシーンを横から見たときには，前後の車が大きく離れており，そのシーンを正面から見たらこんな感じだろうというイメージをスケッチしたのが，この図の (a) である．一方，同じシーンを実際に正面からとらえた映像では，この図の (b) に示すように，前後の車の大きさがほとんど変わらず，あまり間隔が離れていないような印象を受ける．このような違和感が生じる理由は次のとおりである．

　レースシーンを正面から撮影するときには，レースの邪魔にならないように，非常に遠くにカメラを置く．しかし，遠くから普通のレンズで撮影すると車は非常に小さくなってしまう．そのため，望遠レンズとよばれる特殊なレンズを使う．望遠レンズは，レンズの中心（遠近法の視点に相当する）から撮像面（遠近法のカンバスに相当する）までの距離が非常に大きい．図 5.2(a) にこの状況を示したが，ここでは I が撮像面で，E が望遠レンズの中心である．

　一方，この映像を茶の間のテレビ画面で見るときには，図 5.2(b) の点 E' のように，相対的に望遠レンズよりずっと画面に近いところに目を置いて見る．そ

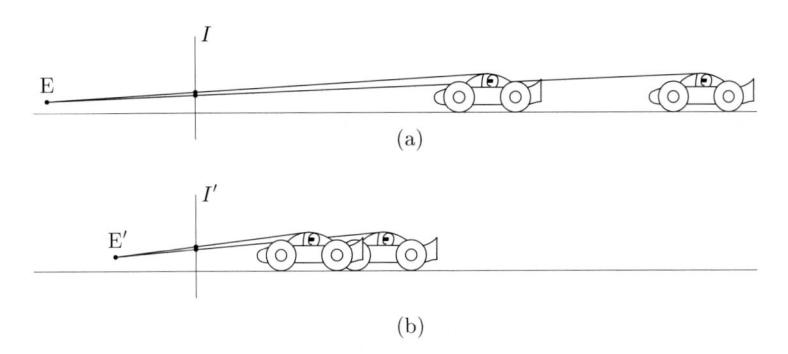

図 5.2 望遠レンズで撮影した映像からの立体復元．

して，視点から画像を延長して，車が常識的な大きさになる位置に，心理的に復元する．その結果，図 5.2(b) に示すように，前後の車の間隔が実際より小さく感じられるのである．

同じように正面から見たとき前後の間隔が詰まって見える現象は，アクション映画のカーチェイスの場面や，マラソンの中継などを見ても経験できる．

では，いったいどれほど奥行きが詰まって見えるのかを考えてみよう．図 5.3 に示すように，投影面 I から距離 d だけ離れた位置にある高さ h の被写体 A を，投影面の反対側に p だけ離れた視点 E でとらえたとする．この像の高さを $I(h)$ としよう．このとき，点 E と被写体 A が作る三角形と，E と A の像が作る三角形は相似であるから，

$$\frac{I(h)}{p} = \frac{h}{p+d} \tag{5.1}$$

という関係が得られる．次に，この被写体の像を，投影面から q だけ離れた別の視点 E′ で見て，もとの被写体と同じ高さ h になるまで視線方向へ延長して復元したとする．その結果，図の破線で示す立体 A' が復元され，投影面から A' までの距離が d' になったとしよう．点 E′ と復元された被写体 A' が作る三角形より，上と同様に

$$\frac{I(h)}{q} = \frac{h}{q+d'} \tag{5.2}$$

が得られる．これら 2 式から $I(h)$ を消去すると

$$d' = -q + \frac{q}{p}(p+d) \tag{5.3}$$

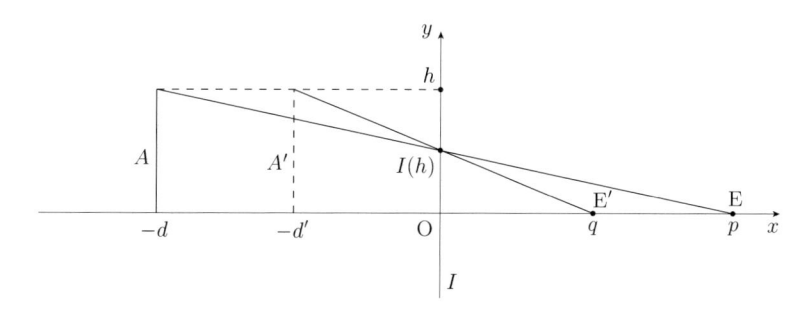

図 **5.3** 視点の変更による距離感の変化．

となる．これが，視点から投影面までの距離が p から q へ変わったときの被写体までの実際の距離 d と復元される立体までの距離 d' の関係を表す．

次に，二つの被写体 A_1, A_2 があり，投影面からの距離がそれぞれ d_1, d_2 であったとしよう．そして，これを距離 p の視点でとらえた像を，距離 q の視点で眺めて復元したときの距離がそれぞれ d_1', d_2' であったとしよう．d_1 と d_1'，d_2 と d_2' の間には式 (5.3) と同様の関係が成り立つから

$$\begin{aligned} d_2' - d_1' &= \left(-q + \frac{q}{p}(p + d_2)\right) - \left(-q + \frac{q}{p}(p + d_1)\right) \\ &= \frac{q}{p}(d_2 - d_1) \end{aligned} \quad (5.4)$$

が得られる．この式から，二つの被写体の実際の間隔 $d_2 - d_1$ が，視点を変えたときには見かけ上 q/p 倍されることがわかる．

たとえばF1レースや，マラソンの中継には，焦点距離が200mmから500mm程度の望遠レンズが使われる．レンズの焦点距離とは，レンズ光軸に平行な光線がレンズを通ったあと集まる1点までの距離のことである．遠方の被写体を撮影するときには，被写体から届く光はほぼ平行な光線であるとみなせるので，この焦点距離が，実際の視点までの距離 p であると考えて差しつかえない．

一方，私たちが普通にテレビ画面や写真を見るときの視点から投影面までの距離 q は，標準レンズとよばれる焦点距離55mm程度のレンズで撮影するときの距離と考えることができる．したがって，q は55mmから60mm程度である．(被写体が無限の遠方ではなくもっと近くにあるときには，その像がくっきり投影面に集まるように，レンズは投影面から焦点距離より少し長い距離に置かれる．これはいわゆるピントを合わせる操作に対応するものである．)

これらの数値を使うと，q/p は 0.1〜0.3 位の値となる．したがって，F1レースやマラソンレースのテレビ中継を見ているときには，前後の間隔が，実際の 1/3 から 1/10 に詰まって見えているのである．

5.2　実際より広く見せる写真術

望遠レンズを使うと，撮像面から非常に離れたところに投影中心を置いた画像が得られる．そして，それを普通の距離から見ると奥行き方向が縮んで見え

てしまう.

　望遠レンズとは逆に,撮像面に非常に近いところに投影中心のあるレンズは広角レンズとよばれる.広角レンズで撮影した画像を普通の距離から見ると,反対に奥行き方向が伸びて見える.これは,図 5.3 の設定において $q>p$ とした場合に相当する.このように奥行きが大きく感じられる現象は,室内を実際より広く見せたいときなどに利用できる.

　分譲マンションの広告の中に,16 畳の居間などと書かれた写真が載っているのを見ると,「あれ,16 畳ってこんなに広かったっけ」と,自分の知っている 16 畳より広い印象をもつことが多い.そんな場合は広角レンズの効果が利用されているのである.

　図 5.4 に示すように四角い部屋 ABCD があり,その角の近くの E にレンズ中心を置いて広角レンズで室内の写真を撮影したとしよう.広角レンズの中心は撮像面までの距離が小さいから,それで撮影した写真を私たちが普通に見るときには,そのレンズ中心より遠い位置に目を置いて見る.その目の位置を,図 5.4 の点 E′ としよう.E′ から出る直線に沿って写真の像を延長し,ソファーなどの調度品が常識的な大きさになるよう心理的に復元すると,この図の破線のように,実際より遠くに像を復元することになり,部屋が広く感じられることになる.

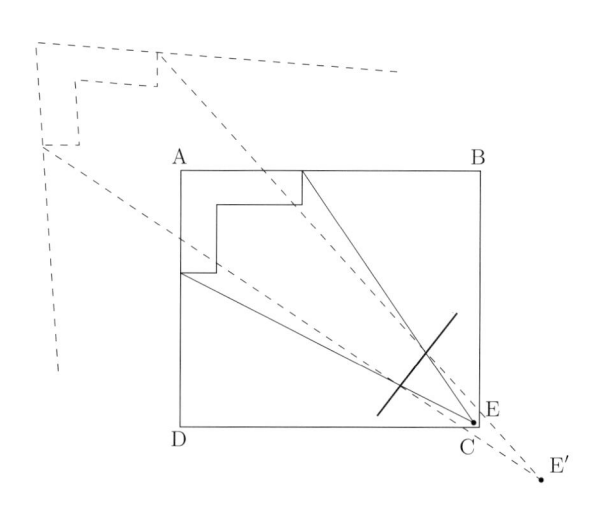

図 **5.4**　広角レンズで撮影した写真からの立体復元.

広角レンズの焦点距離は 23mm とか 27mm とかである．標準レンズが 55mm 程度であり，これが，私たちが普通に写真を見るときの標準的な視点距離に対応しているとすると，q/p は 2 程度である．したがって，式 (5.4) から部屋の奥行きが 2 倍ぐらいに見えることになる．

写真は目の前のシーンをありのままに写した結果であると信じるのが私たちの多くにとっての常識なのではないだろうか．しかし，そのような常識は素朴すぎる．望遠レンズを使えば奥行きを実際より小さく見せることができるし，広角レンズを使えば逆に大きく見せることができる．プロの写真家にとっては，種々のレンズの中から目的のものを選ぶことによって，部屋を実際より狭く見せることも広く見せることも自由自在なのである．

よく考えれば，写真という 1 枚の紙っぺらの中に，奥行きに関する情報が十分に含まれているはずはない．私たちが写真を見て感じる奥行きは，偉大なイリュージョンなのである．写真が奥行きの情報をもっているのではなくて，見る者が勝手に奥行きを作り出しているだけである．

写真が遠近法で作られた画像であり，それを正しく見る目の位置は 1 点しかないことがわかると，私たちは，普段の生活の中でかなりいいかげんに映像を見ていることがわかる．

たとえば，茶の間で家族や友だちと一緒にテレビを見ているときには，正しい位置から見ている人は，その中の高々一人だけである．写真のアルバムを一緒にのぞき込むときにも，正しい位置で見ている人は高々一人だけである．また，映画館にはたくさんの観客席があるが，その中で映画を正しく見ることのできる席は，高々一つだけである．

レオナルド・ダビンチの名画「最後の晩餐」は遠近法で描かれていることでも有名である．イタリア・ミラノ市のサンタ・マリア・デラ・グラツィエ教会で公開されているこの壁画の前は，いつも多くの観光客であふれているが，その中でこの絵を正しく見ている人は高々一人だけということになる．

このように絵や写真を見るときには視点位置が重要であるという事実は，合成写真を作るときに注意すべきことでもある．図 5.5 に示すように，実際の景色を撮影した写真と，コンピュータで設計した構造物のグラフィック映像を重ね合わせて，橋や建物の完成予想図を作ることができる．このとき，写真のレンズ中心 E と，グラフィックス映像の視点 E′ が一致するように，合成しなけれ

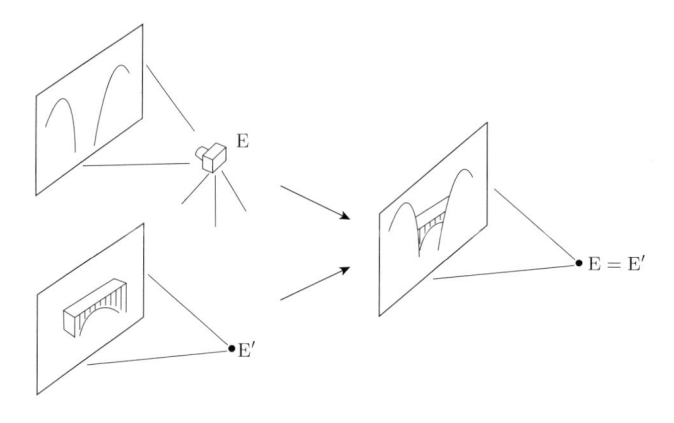

図 5.5 完成予想図.

ばならない．さもないと，どこから見ても正しく見えないという嘘の完成予想図ができてしまう．

レンズの種類によって写真の視点位置を選ぶことができるが，コンピュータグラフィックスでは，もっと自由に視点を選ぶことができる．だから，コンピュータグラフィックス技術を使って作られた建物の完成予想図などは，あまり信用しない方がよい．完成予想図では，隣りとの間に広々とした空間があるように見えたのに，実際に建物が建ってみると，隣りの建物と非常に接近していたなどということになりかねないからである．完成予想図から読み取った立体は，イリュージョンだと思った方が安全である．

5.3　アナモルフォーズ

この本で今まで遠近法を考える際には，図 5.6(a) に示すように，視点 E と対象物を結ぶ線にほぼ垂直にカンバス I を置くことを暗黙のうちに仮定していた．しかし，遠近法では，そのような条件は必ずしもなくてもよい．図 5.6(b) に示すように，カンバス I が，視点 E と対象物を結ぶ線に平行に近くてもかまわない．視点がカンバスを含む面に載ってさえいなければ遠近法は成立する．

しかし，図 5.6(b) のようにカンバスを斜めに置くと，遠近法の像は，普通とはかなり印象の変わったものになる．そのような像を正面から見ても何が描か

(a) (b)

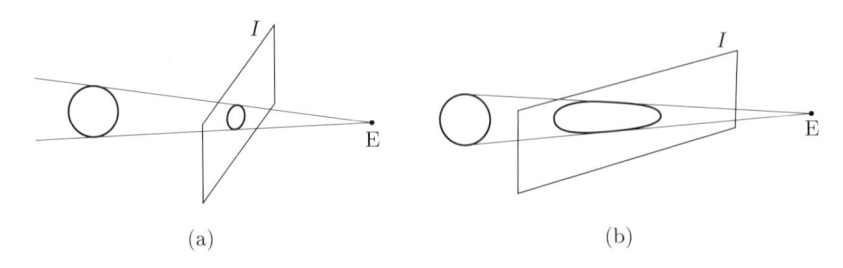

図 **5.6** カンバスの向きによる投影図の変化.

れているのかわからない場合が多い．斜めの方からすかして見たとき，初めて描かれているものが何かがわかる．このように，普通ではないある特別な見方をしたときだけ描かれているものがわかる絵は，**アナモルフォーズ** (anamorphose) あるいは**歪像画**とよばれる．そして，そのような絵の描き方は**歪像画法** (anamorphosis) とよばれる（種村，高柳 1987）．

アナモルフォーズの一例を図 5.7 に示す．この図は正面から見ても意味のある絵には見えない．しかし，図の右側から，紙面に目を近づけて斜めにすかして見ると，「糸」という字が見えてくる．

図 **5.7** アナモルフォーズ.

このように普通に正面から見ても何が描かれているかわからないという意味で，アナモルフォーズでは描かれているものが隠される．したがって，これはだまし絵の一種である．

アナモルフォーズは，描いた内容を秘密にしたいというような遊び心で使われるだけではない．もう少し "まじめ" な場面でも使われている．

図 5.8 に示すように，細長い廊下があり，その廊下の壁を利用して大きな絵を描きたいと思ったとしよう．こんなとき，壁に普通に絵を描いても無駄である．なぜなら，廊下の幅が狭いために，せっかくの大きな絵を十分に離れて見ることができないからである．

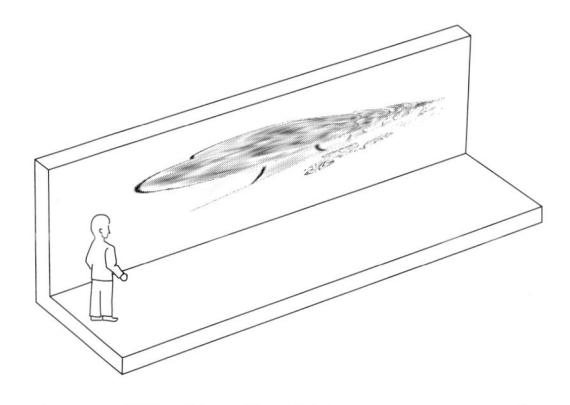

図 5.8 細長い廊下の壁に描かれるアナモルフォーズ．

　狭い廊下の壁面全体を見渡そうと思ったら，図 5.8 に示すように，その廊下の端に立って，壁面を斜めに見るしかない．壁面に対するそのような目の位置は，アナモルフォーズを描くときのカンバスに対する視点の位置に相当する．したがって，その位置から正常に見える絵を描こうとすると，壁画はアナモルフォーズとなる．このように，狭い廊下の壁面に描かれたアナモルフォーズの例は，イタリア・ローマ市のトリニタ・ディ・モンティ僧院などに残っている．

　広い地面に大きく描いた絵を，その地面に立った人の目の位置から見るときも，同様の状況が生じる．目の高さは 1 メートル数十センチに限られているから，地面の大きな絵は斜めに見ることになる．そのような角度で見て普通の形に見えるためには，地面に描かれる絵はアナモルフォーズでなければならない．このアナモルフォーズの一例が，北九州市小倉地区の紫川にかかる「太陽の橋」である．これは福田繁雄のデザインによるアナモルフォーズで，80 メートルの長さの橋のたもとに立って歩道部分を見ると大きなひまわりが浮かび上がってくる（福田 2000）．

5.4　多数で見る絵——非平面的絵画

　絵画に描かれた立体をもとの立体と同じように見たかったら，視点は投影中心に置かなければならない．したがって，多数の人が同時に正しい位置で 1 枚の絵画を見ることはできない．しかし，近似的になら，ほぼ正しい位置から多数

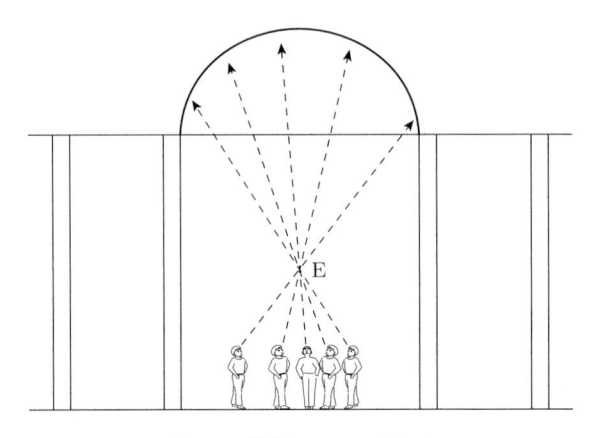

図 5.9　教会ドームの天井画.

の人が同時に1枚の絵を見ることのできる絵の描き方がある．それは，平面ではなくて曲面に描く方法で，その代表例は，教会のドームに描かれた天井画である．

　ヨーロッパの大きな教会には，ドームがあり，その天井に絵が描かれていることが多い．教会のドームは，図 5.9 に示すように，数十メートルの高さの天井からさらに上へ半球の形で突き出すように作られている．そこに描かれた絵を人は床に立って見上げる．したがって，その絵は，数十メートル下の床近くに目を置いたとき，ちょうどよく見えるように描かれている．天井近くまで登って，ドームの面の一部を正面から見たら，歪んだ絵になっているはずである．したがって，これもアナモルフォーズの一種であり，だまし絵である．

　ところで，人がドームの天井画を見上げるとき全体を見るであろうか．一瞬は全体を見るかもしれないが，そのあとでじっと目を止める場所は，半球の曲面のうち，見る人にとって正面に向いた部分なのではないだろうか．そうだとすると，天井画のその部分が，見る人の目の位置を投影中心として描かれていれば，正しい位置から天井画を見ていることになろう．別の場所に立った人にとっても，その人にとって正面を向いた部分が，自分の目の位置を投影中心として描かれていればよい．

　すなわち，図 5.9 に示すように，床の上に立ったそれぞれの人の目の位置に対して，そちらに正面を向いたドームの内壁の場所に，その目の位置を投影中

心とする投影図を描けばよい．これは，人の目の位置より少し高いところに投影中心 E を固定して外の世界を天井面へ投影することと同じである．

このように，教会ドームの天井画は，別の場所に立った多くの人が同時にほぼ正しい視点位置から眺めることができる．とは言っても，上で見たように，実はそれぞれの人は天井画の別の部分を正しい位置から見ることができるだけである．絵の同じ場所を複数の人が正しい位置から見ることができるわけではない．したがって，「1 枚の絵」とは言うものの，それぞれの人は別の絵（すなわち 1 枚につながった絵の別の部分）を見ているに過ぎないのである．

第6章

凹凸逆転の術

奥行きを知覚する手がかりはたくさんある．それらが互いに整合がとれていれば立体をすなおに知覚できるが，互いに矛盾する手がかりを呈示すると，知覚は混乱する．そして，それがイリュージョンをもたらす．本章ではそれを見てみよう．

6.1 遠近をあざむく立体

遠近法の投影面はどんな面でもよかった．それでは，図 6.1 に示すように，外の世界の実際の凹凸とちょうど逆の凹凸をもつ投影面に像を描くと，何が起こるであろうか．実は，見る人に不思議な印象を与える絵となる．次に，このことを見てみよう．

図 6.2(a) に示す形をした実際の建物に向かって立った観測者が，右へ移動し

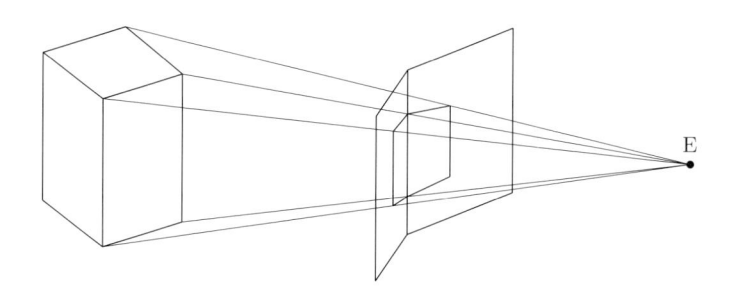

図 **6.1** 実際の物と逆の凹凸をもつカンバスを使った遠近法．

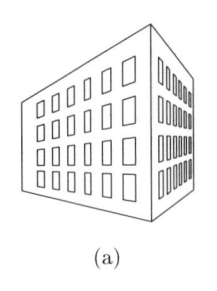

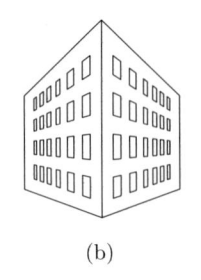

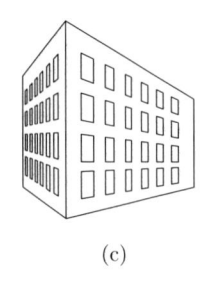

図 6.2 視点を移動したとき期待される変化と実際の変化.

ていくと，観測者から見える建物の姿は (b) に示すように左側の壁面の見かけの幅が小さくなり，右側の壁面の見かけの幅が大きくなる．さらに右へ移動すると，同図の (c) に示すように，この変化はもっと大きくなる．私たちが建物を見ながら，横に移動するときには，建物の見かけの姿がこのように変化することを期待するであろう．

この建物の写真を右側の壁面部分と左側の壁面部分に切断し，それぞれを異なる衝立に貼り付けてから，図 6.1 に示すように，観測者から見て中央で谷のように引っ込んで交わっている向きに立てて接続したとしよう．これを見ながら観測者が横へ動くと，実際の建物とは逆の変化が起こる．すなわち，図 6.2(b) のように見える位置から右へ移動すると，実際の建物では (c) の姿に近づくのに対して，衝立に貼った写真では同図の (a) の姿に近づく．観測者が (b) に見える位置から左へ移動すると，実際の建物では (a) の姿に近づくのに対して，衝立に貼った写真では，同図の (c) の姿に近づく．

これは，期待に反する変化である．観測者が，中央が出っ張った実際の建物の壁だと信じていると，この見かけの変化は，対象が自分の動きと同じ方向に自分の動きより早く向きを変えているように見える．この見かけの変化をもう少し詳しくみてみよう．

地面に垂直に立った壁面の 1 点 P における法線方向に対して，θ の角度をなす方向から，観測者が点 P を見ているとする．図 6.3(a) にこの状況を示した．ここでは壁面を上から見下ろした平面図として描いてある．角度 θ は，壁面を上から見下ろしたとき，反時計回りの向きを正として測るものとする．ここでは，壁面の P のまわりの微小領域を考え，そこに一様な密度の模様が描かれて

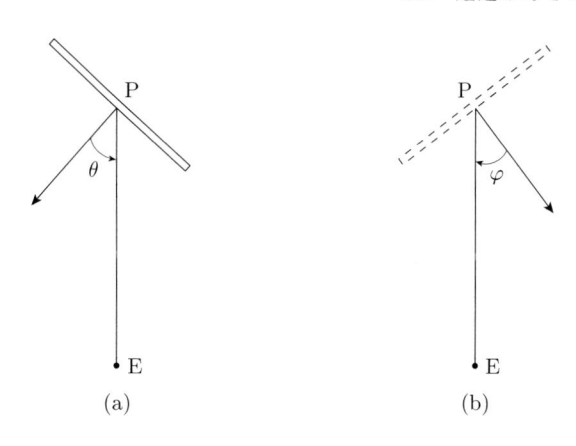

図 **6.3** 壁面と観測者.

いるとする．この模様を正面から見たときの密度を D_0 としよう．観測者にとっての見かけの密度 $D(\theta)$ は

$$D(\theta) = \frac{D_0}{\cos\theta} \tag{6.1}$$

となる．

　ここでは，着目する 1 点 P の近傍の模様の密度の見かけの変化という手がかりに注目しているが，これは建物であれば，たとえば窓の見かけの幅が狭くなったり，壁のタイルの見かけの幅が狭くなったりすることに対応すると思えばよい．

　観測者が横へ動くと角度 θ が変化する．θ の変化に対する見かけの密度の変化は

$$\frac{\mathrm{d}}{\mathrm{d}\theta}D(\theta) = \frac{D_0 \sin\theta}{\cos^2\theta} \tag{6.2}$$

である．

　今，実際には，図 6.3(a) に示すとおり，法線に対して角度 θ で壁面を眺めているのに，同図 (b) に示すように角度 φ の向きで壁面を眺めていると思っているとしよう．ここでは，$\theta > 0$, $\varphi < 0$ とする．これは，図 6.1 のように，中央が引っ込んでいる状況を眺めているのに，実際の建物のように中央が凸に出っ張っていると信じている観測者が，中央より右側の点に注目している場面に対応する．

この観測者が壁に向かって右へ移動したとしよう．そして，壁との向きが $\theta+\Delta\theta$ になったとしよう．$\Delta\theta>0$ である．このとき θ は増えるから，見かけの密度は (6.2) に従って変化し，

$$\frac{D_0\sin\theta}{\cos^2\theta}\Delta\theta \tag{6.3}$$

だけ増える．この式からわかるようにこの変化は正であり，見かけの密度はより高くなる．

一方，この観測者は，図 6.3(b) に示すように，角度 φ の方向から眺めていると信じているから，自分が右へ移動したときに期待する見かけの密度の変化速度は，図 6.2 の θ に φ を代入した値 $D_0\sin\varphi/\cos^2\varphi$ で，これは式 (6.3) からもわかるように負である．したがって，見かけの密度は小さくなるはずだと期待している．実際の密度変化と期待していた密度変化の差は

$$D_0\left(\frac{\sin\theta}{\cos^2\theta}-\frac{\sin\varphi}{\cos^2\varphi}\right)\Delta\theta \tag{6.4}$$

となる．

これを知覚した観測者は，目の前の世界をどう理解するであろうか．一つの解釈は，もちろん，自分の見ている方向が φ ではなくて θ であったと気がついて，正しい状況へ修正するものである．

もう一つの解釈は，角度 φ の向きから見ているはずという自分の信念に基づいて，つじつまを合わせようとするものである．それはすなわち，壁面が回転して向きを変えているために，観測された密度の変化が生じているという解釈である．では，壁がどれほどの角度だけ回転したと感じるであろうか．観測者の信じている向きでの密度の変化は $D_0\sin\varphi/\cos^2\varphi$ であるから，この速度で，実際に (6.4) の値だけ変化したと解釈する．その結果，壁の回転角度を $\Delta\alpha$ とすると，$\Delta\alpha$ は

$$D_0\frac{\sin\varphi}{\cos^2\varphi}\Delta\alpha=D_0\left(\frac{\sin\theta}{\cos^2\theta}-\frac{\sin\varphi}{\cos^2\varphi}\right)\Delta\theta \tag{6.5}$$

を満たさなければならない．したがって

$$\Delta\alpha=\left(\frac{\sin\theta}{\cos^2\theta}-\frac{\sin\varphi}{\cos^2\varphi}\right)\Delta\theta\bigg/\frac{\sin\varphi}{\cos^2\varphi} \tag{6.6}$$

である．したがって，自分の動きによる向きの変化を打ち消して，さらにそれ

を追い越すように壁面は式 (6.6) に示す角度 $\Delta\alpha$ だけ向きを変えていると解釈するであろう．これが，実際に感じる不思議な知覚の数理的な説明である．

このイリュージョンは，読者の皆さん自身でも簡単な実験で体験することができる．そのために，三つの正方形にサイコロの目を描いて，図 6.4 に示すように，この 3 面を互いに直角に貼り合わせて，立体を作る．ただし，通常のサイコロのように立方体の表側の 3 面を作るのではなく，サイコロの目が描かれている側が引っ込んで谷をなすように接続するのである．これを手にもって，ゆっくりと向きを変えながら観察してみよう．手で動かした向きとは逆向きに回転しているかのような錯覚を覚えるであろう．

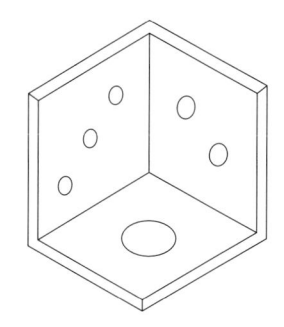

図 **6.4** さいころのように見えるが実はくぼんだ立体．

6.2 凹凸をあざむく照明

完全拡散面とよばれる光学的性質をもった物体表面では，面の法線方向と光源へ向かう方向のなす角を θ とすると，その面の明るさは $\cos\theta$ に比例する．したがって，この面は，法線が光源へ向いたときが最も明るく見え，光源方向から離れるに従って，だんだん暗く見える．一方，たいていの照明環境では，上から光が当たっている．したがって，明るく照明されている面は上の方を向いており，暗い面は下の方を向いていると考えがちである．この常識を利用すると，明るさの手がかりから凹凸を逆転して知覚させることができる．そのためには，上からではなく下から立体に照明を当てればよい．

図 6.5 に示すように，xz 平面において滑らかな関数 $z = f(x)$ を考える．こ

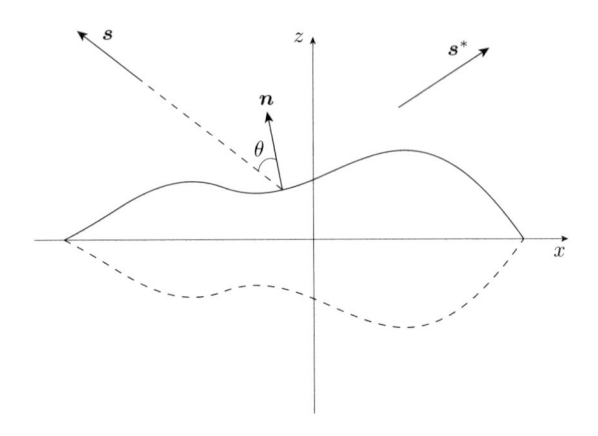

図 6.5 平行光線による完全拡散面の照明.

の関数で表される曲線を y 軸に平行に動かしたとき掃く曲面が完全拡散面でできており，この面が斜め上から平行光線によって照明されているとしよう．光源に向かう向きの単位ベクトルを $\boldsymbol{s} = (s_x, s_z)^{\mathrm{t}}$ とする．

(x, y, z) 座標系の固定された 3 次元空間で考えると，この単位ベクトルは $\boldsymbol{s} = (s_x, 0, s_z)^{\mathrm{t}}$ と書くべきであろう．しかし，ここでは，ものごとを xz 平面内で考えているので，現れるベクトルの y 成分は常に 0 である．そのため，y 成分を省略して $\boldsymbol{s} = (s_x, s_z)^{\mathrm{t}}$ と書く．以下，他のベクトルの表現にも同じ便法を用いる．

面上の 1 点 $(x, f(x))^{\mathrm{t}}$ における上向きの単位法線ベクトルを $\boldsymbol{n}(x)$ とおく．この点において接線ベクトルは $(1, f'(x))^{\mathrm{t}}$ である．ただし $f'(x)$ は $\mathrm{d}f(x)/\mathrm{d}x$ を表す．したがって，

$$\boldsymbol{n}(x) = \frac{(-f'(x), 1)^{\mathrm{t}}}{\sqrt{1 + f'(x)^2}} \tag{6.7}$$

である．

光源方向と法線方向のなす角を θ とする．

$$\cos\theta = \boldsymbol{s} \cdot \boldsymbol{n}(x) = \frac{-s_x f'(x) + s_z}{\sqrt{1 + f'(x)^2}} \tag{6.8}$$

が成り立つ．ここでは，すべての x に対して

$$s_x f'(x) < s_z \tag{6.9}$$

が成り立つと仮定する．これは $\cos\theta > 0$ という仮定と等価である．すなわち，このときには，面の傾きの絶対値 $|f'(x)|$ はそれほど大きくはなく，したがって，曲面上のどの点においても，他の部分の影にはならず，照明が直接当たっている．

面の明るさは $\cos\theta$ に比例するから，点 $(x, f(x))^{\mathrm{t}}$ における明るさ $B(x)$ は，B_0 を定数として

$$B(x) = B_0 \frac{-s_x f'(x) + s_z}{\sqrt{1 + f'(x)^2}} \tag{6.10}$$

となる．

ここで，照明の方向を $\boldsymbol{s} = (s_x, s_z)^{\mathrm{t}}$ から $\boldsymbol{s}^* = (-s_x, s_z)^{\mathrm{t}}$ に変更したとしよう．すなわち yz 平面に関して対称な方向の照明に取り替えたとする．そして，そのときの点 $(x, f(x))^{\mathrm{t}}$ の明るさを $B^*(x)$ とする．$B^*(x)$ は，式 (6.10) において s_x を $-s_x$ に置き換えれば得られるから

$$B^*(x) = B_0 \frac{s_x f'(x) + s_z}{\sqrt{1 + f'(x)^2}} \tag{6.11}$$

である．

$g(x) = -f(x)$ とおき，$z = f(x)$ の代わりにもう一つの曲面 $z = g(x)$ を考える．この曲面はもとの曲面 $z = f(x)$ と xy 平面に関して面対称な曲面である．このとき，式 (6.11) は次のように変形できる：

$$B^*(x) = B_0 \frac{-s_x g'(x) + s_z}{\sqrt{1 + g'(x)^2}}. \tag{6.12}$$

式 (6.10) と式 (6.12) を見比べると次のことが言える：「照明方向を $\boldsymbol{s}$ から，それと yz 平面に関して対称な向き $\boldsymbol{s}^*$ に変更したときの陰影の分布 $B^*(x)$ は，照明方向 $\boldsymbol{s}$ は変えないで，代わりに曲面を $z = f(x)$ から，それと xy 平面に関して対称な曲面 $z = -f(x)$ に変更したときの陰影の分布と一致する．」

この性質を利用すると，凹凸を逆転して知覚させるトリックを考えることができる（グレゴリー 1972）．図 6.6 の実線で示すように，壁の一部が引っ込んでいる形状を正面に立った観測者が見ているとする．部屋の中央付近の天井に照明光源があり，着目している壁面には，斜め上方から照明が当たっているとする．これは，通常の部屋の照明環境においてよく起こる状況であろう．着目

第 6 章 凹凸逆転の術

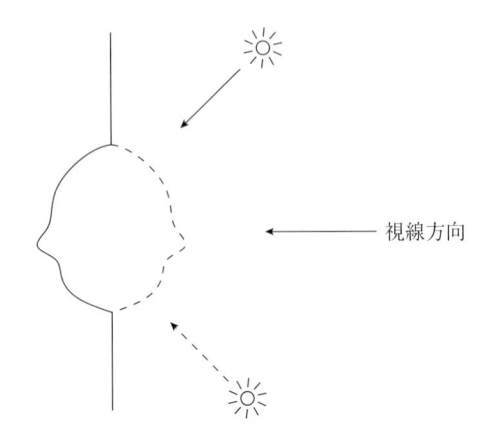

図 6.6 下からの照明による凹凸の逆転知覚.

している壁面の部分がそれほど大きくなければ，照明は平行光線で近似できる．

　この部屋の照明を，観測者に気づかれないように，図 6.6 の破線で示すように，水平面に関して対称な斜め下からの照明に取り替えることができたとしよう．そのとき，観測者は，もとの照明と同じ天井からの光で壁面が照らされていると思うから，観測される陰影からつじつまの合う壁面の形を復元しようとすると，図の破線で示すように，壁面の凹凸を実際とは反転したものとして解釈するであろう．

　たとえば，壁面のくぼみを，顔の形の出っ張りを反転させた形に作っておいて，そこに目や口が描かれていれば，下からの照明によって，観測者には顔の形が出っ張っているように知覚させることができる．

　6.1 節で見たように，凹凸を逆転して知覚している場面では，観測者が横へ移動すると，見えている対象は，その動きを追い越す速さで同じ方向に向きを変えるように知覚される．したがって，上のくぼんだ顔が出っ張っていると勘違いしている観測者には，自分が動くと，その顔が，自分を目で追うかのように，顔の向きを変えていると感じられる．これは，アミューズメントパークのお化け屋敷などでよく使われているトリックである．

第7章 不可能物体の描き方

　不可能物体の絵とよばれる一群の図形がある．これを見た人は，立体が描かれているという印象をもつが，同時にそんな立体は作れそうにないという印象ももち，不思議な感覚にとらわれる．目の錯覚をもたらす錯視図形の一種である．変則図形やだまし絵とよばれることもある．オランダのグラフィックアーティストのエッシャーなどが作品の中でよく使ったことでも有名である．本章では，この不可能物体の絵の性質を調べると同時に，このような絵は誰にでも簡単に描けることを見る．

7.1　不可能物体

　絵には描けるけれど立体としては作れそうにないと感じる絵がたくさんある．その例を図 7.1 に示した．このような絵を見たとき，人が心理的に思い浮かべ

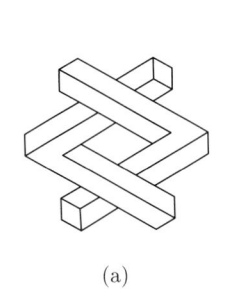

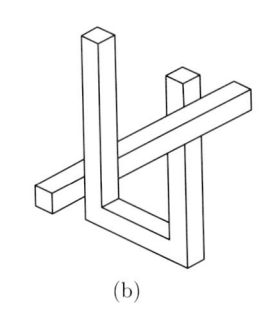

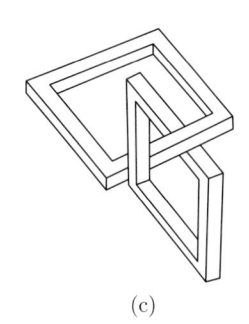

図 **7.1**　不可能物体の絵.

る立体の印象は，**不可能物体** (impossible object) とよばれる．これは，はなはだ非数理的な定義であるが，不可能物体は人の知覚や心理にかかわる概念だから，やむを得ないであろう．

　これらの絵に描かれている対象が，本当に立体として作れないかどうかを考察するためには，どのような土俵で議論を進めるかをまずはっきりさせなければならない．ここでは次のような前提で考えることにする．

　前提1（立体）　対象とする立体は，不透明な材質で作られた厚みのある多面体である．

　したがって，立体の表面に曲面部分はない．すべての面が多角形，または多角形の穴をもった多角形である．その結果，面と面が接続したところにできる稜線は線分であり，その投影像も線分であって，絵の中に曲線は現れない．

　前提2（視点）　立体のどの面の延長上にも視点はない．また，立体の一つの稜線と，それを含む直線上にはない一つの頂点とで定まる平面の上にも視点が載ることはない．さらに，立体の二つの頂点で定まる直線の上に視点がのることもない．

　したがって，視点をわずかに動かしたとき，立体の見え方が構造的に変わることはない．すなわち，1本の稜線に見えていたものが2本の稜線に分かれたり，1本の稜線の上に載っているように見えていた頂点が，その稜線から離れたり，一つの頂点に見えていた点が二つに分離したりすることはない．言い換えると，見えている稜線と頂点が作るグラフとしての構造は，視点を少し動かしても変わることはない．この前提が成り立つとき，視点は立体に対して**一般の位置** (general position) にあるという．

　前提3（描き方）　立体の投影図には，見える稜線のみを描く．

　したがって，立体表面に模様があっても，それは投影図には描かないし，立体が別の面に影を落としていても，そのような影の線は描かない．前提2と前

提 3 から，絵の中の 1 本の線分は，立体の唯一の稜線に対応することが保証される．

以上の前提 1，2，3 のもとで立体の投影図とはなっていないように見える絵であって，それにもかかわらず，見たとき立体の印象をもってしまう絵のことを不可能物体の絵とよんでいるようである．本書では，このような理解の上に立って，不可能物体の絵について考えていく．

7.2　頂点辞書

与えられた絵が立体の投影図になっているか否かを判定したい．言い換えると，与えられた絵に描かれている立体が本当に作れるか否かを判定したい．この判定に役立つ強力な道具の一つが，次に述べる頂点辞書である．

絵の中の線分は，それが立体のどのような稜線の像であるかによって，図 7.2 の +，−，矢印のラベルで示すように，3 種類に分類できる．

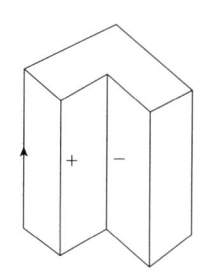

図 **7.2**　絵の中に現れる 3 種類の稜線．

第一の線は，その稜線を作っている両側の面がともに見えていて，それらが山の尾根のように出っ張って交わってできている稜線である．このような線は，**凸稜線** (convex line) とよび，「+」のラベルをつけて表す．

第二の線は，両側の面が谷のように引っ込んで交わってできる稜線である．このような線は**凹稜線** (concave line) とよび，「−」のラベルをつけて表す．

第三の線は，両側の面が尾根をなすように出っ張って交わってできる稜線であるが，一方の面が視点からは隠れて見えない線である．このような線は**輪郭線** (silhouette line) とよび，矢印をつけて表す．ただし，矢印の向きは，絵を

描いている視点から見たとき，この稜線を作っている面が2枚とも右側に来るように定める．

前提1，2，3のもとで正しく立体を表す絵に対しては，それぞれの線が上に定義した3種類のいずれかに分類される．したがって，そのような線の分類が矛盾なくできるか否かが，絵が正しく立体を表しているか否かの重要な判定基準となる．そこで，次に，正しい絵が満たすべき線のラベルの組合せについて調べることにしよう．

簡単のために，もう一つ前提を追加する．

前提 4（三面頂点） 立体の各頂点には，ちょうど3個の面が接続している．

このような頂点は，**三面頂点** (trihedral vertex) とよばれる．厚みのある立体の頂点には，少なくとも3枚の面が接続する．したがって上の前提は，一つの頂点に4枚以上の面が接続することはないとしようという制限である．これによって立体の種類は制限されるが，不可能物体の基本的性質を考えるためには，この制限が大きな障害となることはない．

正しく立体を表す絵の線に正しくラベルをつけたとき，頂点のまわりでどのようなラベルの組合せが許されるかを考えよう．すべての可能性をもれなく列挙するためには，次のような手順で考えればよい．

前提4より，頂点にはちょうど3枚の面が接続する．そこで，図7.3に示すように，互いに平行ではない3枚の平面を考え，それらの交点を v とする．こ

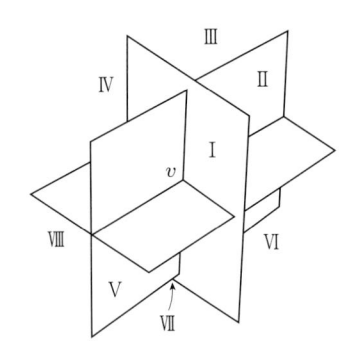

図 **7.3** 3枚の平面によって8分割される空間．

の3枚の平面は，まわりの空間を，v を頂点とする8個の錐体に分ける．これらに，図7.3に示すようにI, II, III, ..., VIII と通し番号をつける．そして，錐体Iに視点を置いて，錐体II, III, ..., VIII のいくつかに物質を詰め，残りを空のままにするすべての組合せを考える．これによって，3枚の面が接続してできる頂点のすべての見え方が，点 v のまわりに現れる．

たとえば，一つの錐体のみに物質を詰めると，立方体の頂点と同じように，3本の稜線がすべて山の尾根のように凸となる頂点が得られる．そして，その見え方は，図7.4に示すように，3通りある．3個の錐体に物質を詰めてできる頂点の見え方は，図7.5に示すように5通りある．5個の錐体に物質を詰めてできる頂点の見え方は，図7.6に示すように3通りある．7個の錐体に物質を詰

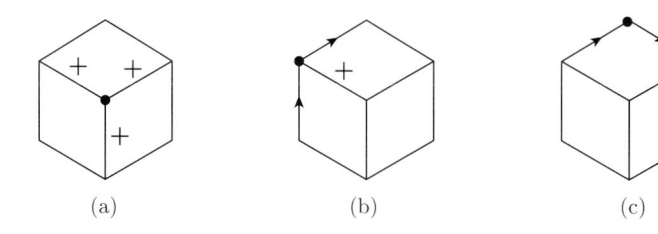

図 **7.4** 1個の錐体に物質を詰めてできる頂点の見え方．

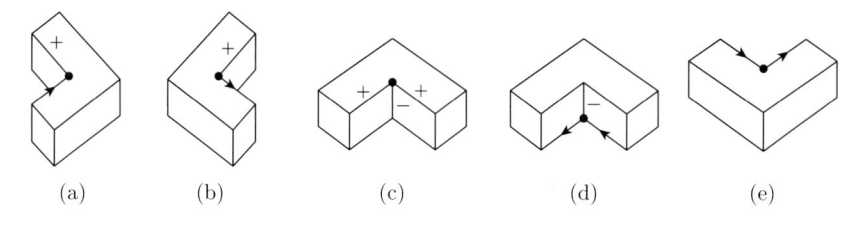

図 **7.5** 3個の錐体に物質を詰めてできる頂点の見え方．

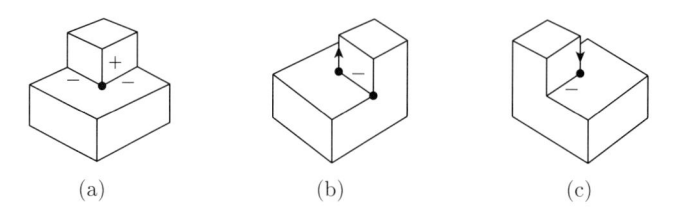

図 **7.6** 5個の錐体に物質を詰めてできる頂点の見え方．

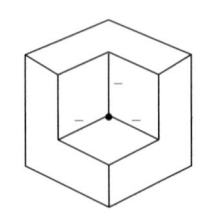

図 7.7　7 個の錐体に物質を詰めてできる頂点の見え方.

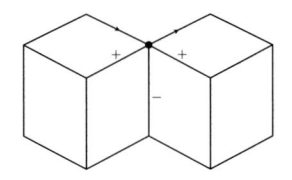

図 7.8　4 枚以上の面が接続する頂点.

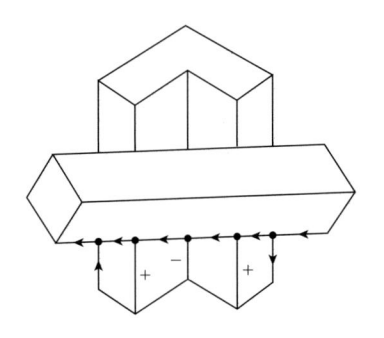

図 7.9　立体の一部が隠されてできる点.

めてできる頂点の見え方は，図 7.7 に示すように 1 通りである．

　物質の詰め方によっては，前提 4 に反する頂点も現れる．たとえば，錐体 VI と VIII に物質を詰めると，図 7.8 に示すように 6 枚の面が接続する頂点が現れる．このような頂点は，前提 4 に反するから，列挙には加えない．

　また，立体の頂点には対応しないが，立体の一部が他の部分を隠すところで，図 7.9 に示すようにアルファベットの T 字型の点が現れる．この場合は，T 字型の縦棒はどんなラベルでもよく，水平な 2 本の線は左向きの矢印となる．

　以上の観察をまとめると，前提 1，2，3，4 を満たす絵に許される頂点のま

わりのラベルの組合せは，図 7.10 に示す 13 種類に限られることがわかる．ただし，頂点を数え上げる際には，頂点に接続する線の数と，隣り合う線のなす角度が 180 度より小さいか大きいかのみに着目し，その範囲で互いに連続な変形で移り合うものは同じものとみなす．また，図中の*印は，その線のラベルが何でもよいことを表す．

このように，頂点のまわりで許されるラベルの組合せが列挙できると，与えられた絵がどんな立体を表しているかを解析するために役立てることができる．このことを例で示すために，もう一つ前提を加えよう．

前提 5（絵の完全性）　絵には，立体の全体が描かれており，一部が画面からはみ出すことはない．

図 7.11(a) の絵を例にとって考えよう．この絵の線を分類して，ラベルをつけることが目的である．まず，前提 5 より，最も外側を囲む線は輪郭線であるから，図 7.11(b) に示すように，時計回りの矢印でなければならない．このラベルと，図 7.10 の許されるラベルの組合せを比較すると，図 7.11 の残りの線は，同図の (c) に示すラベルが唯一の許されるラベルの組合せであることがわかる．このように，図 7.10 のラベルの組合せと両立するラベルのつけ方は，1

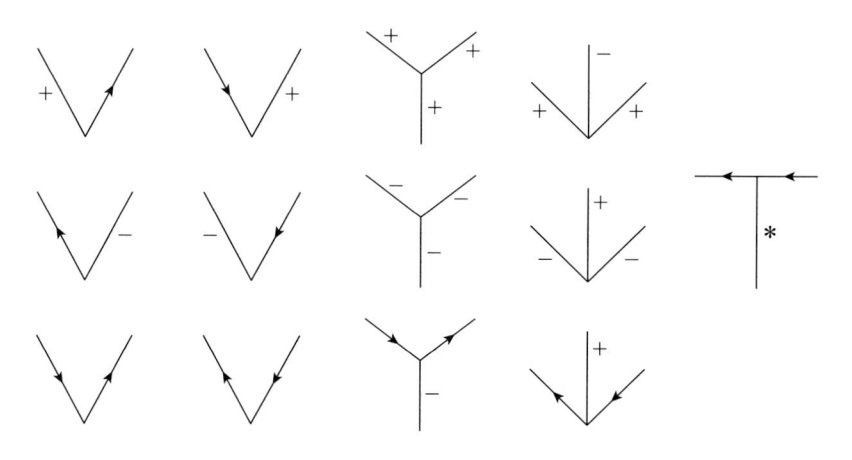

図 **7.10**　頂点辞書．

(a)　　　　　　　　(b)　　　　　　　　(c)

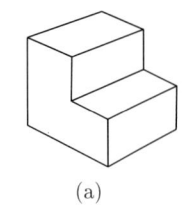

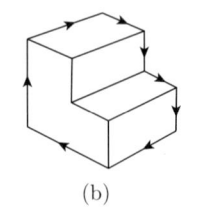

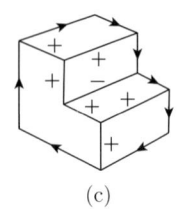

図 **7.11**　頂点辞書を用いた絵の解釈.

通りしかないことがわかる．そして，このラベルは，図 7.11(a) の絵を私たちが見たとき，最も自然に思い浮かべる立体の解釈に一致している．

次に，図 7.12 の絵を見てみよう．前提 5 より，最も外側を囲む線に時計回りの矢印をつけたのが，同図の (a) である．このあとに，図 7.10 の組合せと見比べながら許されるラベルをつけようとすると，同図の (b) に示すように，1 本の線の両端で別のラベルがついてしまうところが現れる．実際の立体では，稜線の種類が途中で変わることはないから，これは矛盾である．すなわち，この絵には，図 7.10 と両立するラベルは存在しない．これは，すなわち，この絵を投影図にもつ立体は存在しないことを意味している．

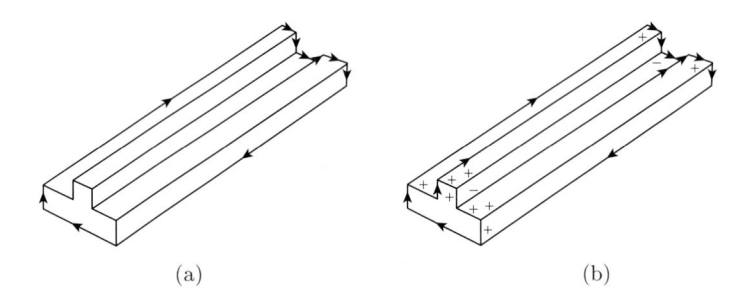

(a)　　　　　　　　　　　(b)

図 **7.12**　ラベルのつけられない絵.

以上の二つの例からわかるように，与えられた絵が，図 7.10 と両立するラベルが線につけられるか否かを調べることによって，その絵が立体を表しているか否かを，ある程度は判定できそうだということがわかる．

絵は立体という情報を伝えるための手段であるから，言語の一種と思ってよいであろう．そして，図 7.10 に示した許されるラベルの組合せは，絵という言

語を解釈するために役立つから，辞書の一種と思ってもよいであろう．そのような見方から，図 7.10 に示した頂点のリストは，**頂点辞書** (vertex dictionary) とよばれる．

図 7.10 の頂点辞書は，前提 1, 2, 3, 4 が成り立つ世界に対して有効なものである．これらの前提を別の前提に取り替えると，それに応じて別の頂点辞書ができる．図 7.10 の頂点辞書を最初に作ったのは Huffman (Huffman 1971) である．これと等価な情報は，Clowes (Clowes 1971) によっても別の形式でまとめられて，絵の解釈のために使われている．前提を取り替えて作った別の世界に対する頂点辞書には，影の線を含んだ世界の頂点辞書 (Waltz 1975)，隠れた稜線を破線で表した図面に対する頂点辞書 (Sugihara 1978)，折り紙細工のように厚みのない対象も許す頂点辞書 (Kanade 1980) などさまざまなものが提案されている．

図 7.11, 7.12 の例から，頂点辞書は，絵を解釈するために役立つことがわかった．ただし，頂点辞書は完全ではない．たとえば，図 7.13 は不可能物体の絵であるが，ここに示すように，頂点辞書と両立するラベルがつく．

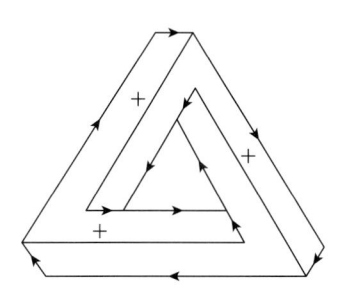

図 7.13　頂点辞書に反しない絵．

でもこれはやむを得ないことであろう．頂点辞書は，正しく立体を表す絵に許されるラベルの組合せを列挙したものであり，これと両立するラベルをもつことは，絵が正しく立体を表すための必要条件ではあるが，十分条件ではない．だから，ラベルがつかなかったら，その絵は間違っていると自信をもって判定できるが，ラベルがつく場合には，それがその絵の正しい解釈であるかどうかは，さらに調べなければわからない．これについては，次の章で議論を継続し，

頂点辞書に反しないラベルがつけられた絵が，そのラベルどおりの立体を表すための必要十分条件を明らかにする．

7.3 不可能物体の典型的な描き方

不可能物体は，芸術作品の素材としても広く使われている．特に有名なのはオランダのグラフィックアーティストであるエッシャーの作品であろう（エルンスト 1983）．日本人では，安野光雅が，不可能物体を作品に取り入れていることで有名である（安野 1974）．ここでは，このような絵が誰にでも簡単に創作できることを示そう．

不可能物体の絵の中には，頂点辞書と両立しないという意味で実現不可能な絵がたくさんある．頂点辞書は，頂点のまわりで局所的に許されるラベルの組合せを明らかにしたものである．したがって，頂点辞書に反する絵とは，部分的には立体の正しい絵なのに，全体が大域的に矛盾を含んでいる絵であると解釈することができる．

ここで，絵のそれぞれの部分が部分的には正しい絵の一部になっていることは，不可能物体の絵であるための一つの重要な条件であると思われる．なぜなら，部分的にも正しくない絵であれば，そもそも絵を見たときに立体感など生じないからである．

このように，部分的に正しいことと，全体として矛盾を含むことの二つが，不可能物体の絵であるための重要な条件であると考えられる．したがって，部分的に正しい絵を，矛盾を含むように組み合わせることによって不可能物体の絵を作ることができる．本節では，そのためのいくつかの典型的な方法（杉原 1993）を紹介する．

図 7.14 に示した絵は，いずれも正しく立体を表す．そして，これらには，5本の平行等間隔な線をもつという共通の特徴がある．そこで，この図の破線に沿って，絵を二つの部分に分割し，それらをでたらめに組み合わせてみよう．すると，図 7.15 に示すような絵が得られる．これらは，頂点辞書と両立するラベルがつけられない．したがって，不可能物体の絵である．

このように，正しい絵をいくつかの部品に分割し，それらの部品をでたらめに組み合わせることによって，不可能物体が描ける．この方法は次のようにま

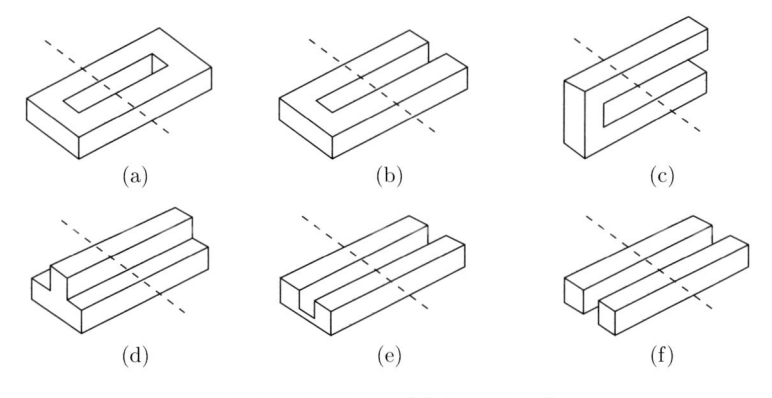

7.3 不可能物体の典型的な描き方　95

図 **7.14**　5本の平行線をもつ正しい絵.

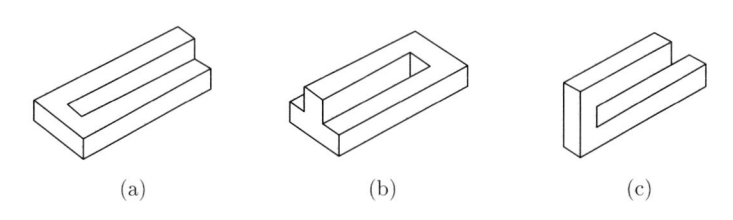

図 **7.15**　図 7.14 の絵を半分に切った部品のでたらめな組合せ.

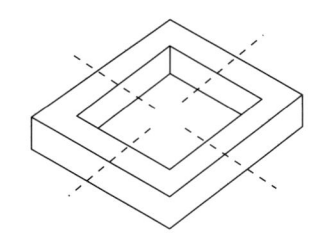

図 **7.16**　四角の枠の絵から作った四つの部品.

とめることができる．

不可能物体の描き方 1　（部品のでたらめな組合せ）　部分的に正しい絵を，直線部分が一致するようにでたらめに組み合わせる．

同様の考え方の例をもう一つ示そう．図 7.16 は，4本の角材を環状につない

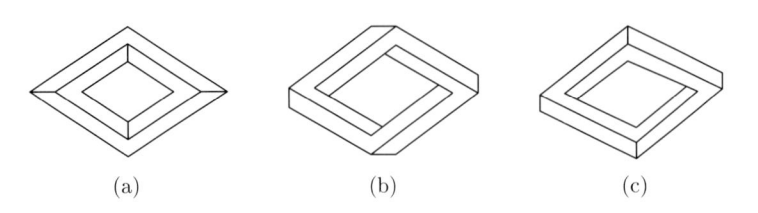

図 **7.17**　図 7.16 の部品をでたらめに組み合わせた絵.

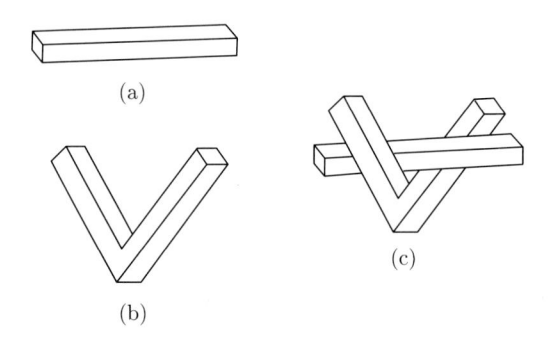

図 **7.18**　遠近関係を逆転させて描いた不可能物体.

だ枠の絵である．これを四つの部分に分けて部品を作る．そして，この部品をでたらめに組み合わせると，図 7.17 に示すようなだまし絵ができる．

　複数の正しい絵を組み合わせてだまし絵を作るもう一つの典型的手法は，組み合わせるときに，視点から見える部分と，他に隠される部分を入れ換えることによって，遠近関係を逆転させる方法である．例を図 7.18 に示す．この図の (a) は，角材の正しい絵である．左端に切り口が見えているから，この角材は右端より左端の方が視点に近い．また，この図の (b) は，2 本の角材を L 字型につないだものであるが，右上の端に切り口が見えているから，この立体は左端より右端の方が視点に近い．同図の (c) は，これら二つの絵を組み合わせて作ったものである．ただし，重なった部分では，視点に近いはずの部分を消し，視点から遠いはずの部分を残す．その結果，遠近関係に矛盾を含んだ不可能物体の絵となっている．このように，遠いものが近いものを隠すというあり得ない状況を描くことによって，不可能物体を描くことができる．これも，描き方としてまとめておこう．

不可能物体の描き方 2（遠近関係の逆転）　複数の立体の正しい絵を重ね合わせ，重なった部分では遠くのものを残し近くのものを消すことによって遠近関係を逆転させる．

上の描き方では，最初に複数の絵を用意したが，一つの立体の絵だけから出発しても同じようなことができる．すなわち，次の描き方が考えられる．

不可能物体の描き方 3（隠す部分と隠される部分の入れ換え）　立体の一部が，その立体の他の部分を隠す状況を描いた正しい絵において，隠す部分と隠される部分を入れ換える．

この描き方で作った不可能物体の例を図 7.19 に示す．この図の (a) は，3 本の角材を接続して作った立体の正しい絵である．角材の一部が他の部分を隠しているが，隠されている部分を描き，隠している部分を消すと，同図の (b) が得られる．これは不可能物体の絵である．

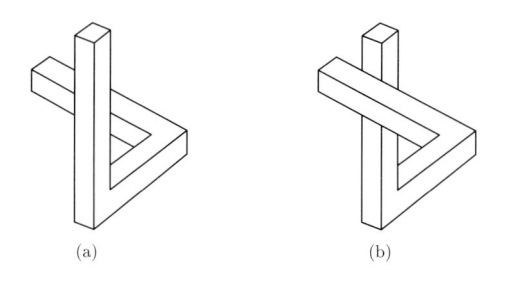

図 **7.19**　隠す部分と隠される部分を入れ換えて描いた不可能物体．

不可能物体の描き方 4（角材による貫通）　正しい立体の絵に，ありそうにない向きに角材を貫通させる．

この方法で描いた絵の例を図 7.20 に示す．この図の (a) は正しい立体の絵である．これに，まっすぐな角材を貫通するはずのない順序で面から入ったり出たりさせて作った絵の例が，(b) と (c) である．

不可能物体の絵を創る方法は，他にもいろいろあるであろう．このように，簡

(a) (b) (c)

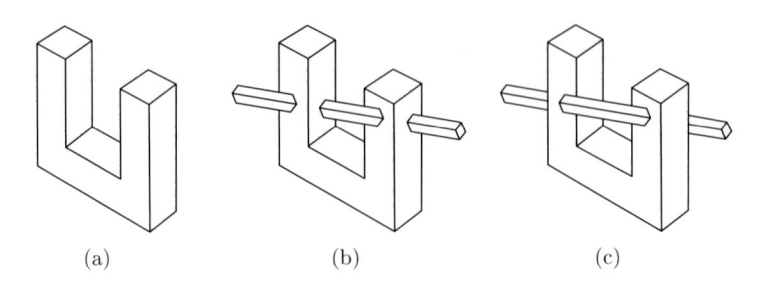

図 7.20　角材を貫通させて描いた不可能物体．

単な方法でいくらでも多様な不可能物体を描くことができる．ただし，このような絵に，美的側面をどのように盛り込むことができるかはまた別の話である．

第8章

不可能物体の作り方

　不可能物体は，絵には描けるけれど立体としては作れないというのが一般的な常識であろう．しかし，本当にそうであろうか．本章では，この疑問に答えるために，まず，絵が立体を表しているか否かを判定する方法を構成する．そして，不可能物体とよばれているにもかかわらず，立体として作ることのできるものがあることを示し，その作り方を構成する．

8.1　立体の実現可能性

　本章でも，前章で与えた五つの前提のもとで立体の絵を考えよう．まず本節では，頂点辞書に反しないラベルがつけられた絵が，立体の正しい投影図であるか否かを判定する方法を構成する．

　図8.1に示すように，空間に固定された立体をPとする．原点を視点とし，平面$z = 1$を投影図として，立体Pを投影し，得られた投影像をDとする．Pの頂点のうちで見えているもの——すなわちDに描かれているもの——に通し番号をつけて，$v_1, v_2, \ldots, v_m$とする．頂点v_iの投影図での座標を$I(v_i) = (x_i, y_i, 1)^{\mathrm{t}}$とおく．この点に投影される前のもとの頂点は$v_i = (x_i/t_i, y_i/t_i, 1/t_i)^{\mathrm{t}}$と表すことができる．ただし，$t_i$は，値が未知のパラメータである．

　立体Pの視点から見える面に通し番号をつけて，$f_1, f_2, \ldots, f_n$とおく．これらの面の一つ一つの投影像は，Dにおいて一つまたはいくつかの連結領域に対応する．面f_jが載っている平面の方程式を

$$a_j x + b_j y + c_j z + 1 = 0 \tag{8.1}$$

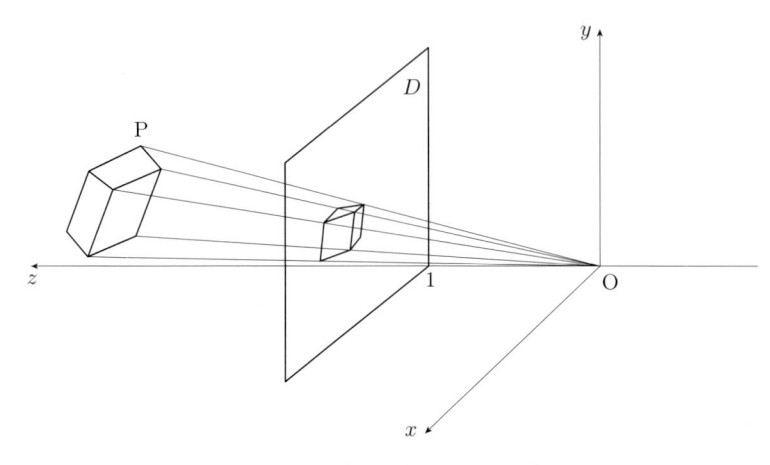

図 8.1 原点に視点を置いた投影.

とおく．f_j の投影像 $I(f_j)$ は，D における 1 個または数個の連結成分に対応し，f_j が載っている平面に関しては何の情報も与えないから，a_j, b_j, c_j はすべて未知のパラメータである．

平面の方程式は 3 個のパラメータをもつが，式 (8.1) では，それらを x, y, z の項の係数に置き，定数項は 1 に固定している．このような表現では，原点を通る平面は表せない．しかし，それによって特に不都合が生じることはない．なぜなら，前提 2 によって，視点は一般の位置にあると仮定したから，立体 P は，原点を通る平面に含まれる面はもたないからである．

投影図 D には，頂点辞書に反しないラベルがすでについているものとしよう．そのときには，D に描かれているそれぞれの頂点がどの面に載っているかを読み取ることができる．今，頂点 v_i が面 f_j に載っていることがラベルから読み取れたとしよう．このときには，頂点 v_i の座標を平面方程式 (8.1) に代入したものが成り立つはずであるから，

$$\frac{a_j x_i}{t_i} + \frac{b_j y_i}{t_i} + \frac{c_j}{t_i} + 1 = 0 \tag{8.2}$$

である．この式の両辺に t_i をかけて

$$a_j x_i + b_j y_i + c_j + t_i = 0 \tag{8.3}$$

を得る．x_i と y_i は与えられた投影図から読み取れる定数であるから，未知数は

t_i, a_j, b_j, c_j のみである．したがって，式 (8.3) は未知数に関して線形である．

頂点とそれが載っている面のすべての対に対して同様の線形方程式が得られるから，それらを集めたものを

$$Aw = 0 \tag{8.4}$$

とおくことにしよう．ただし，A は D から定まる定数行列で，w は未知数を並べたベクトル $w = (t_1, \ldots, t_m, a_1, b_1, c_1, \ldots, a_n, b_n, c_n)^{\mathrm{t}}$ である．

ラベルのついた投影図 D には，頂点と面の，視点からの相対的な遠近関係に関する手がかりもある．それらの手がかりは，凸稜線から生じるもの，凹稜線から生じるもの，輪郭線から生じるものの3種類に分類できる．図 8.2 は，二つの面が凸稜線によってつながれている場合である．このときには，一方の面に載っている頂点 v_i は，もう一方の面 f_j を延長してできる平面より視点から遠くにある．このことは

$$a_j x_i + b_j y_i + c_j + t_i < 0 \tag{8.5}$$

と表すことができる．これは未知数に関して線形な不等式である．

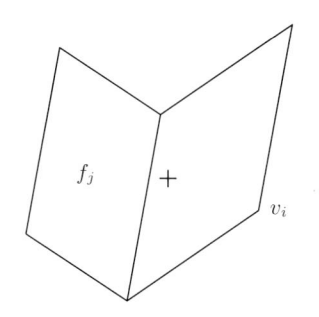

図 **8.2** 凸稜線による遠近関係．

図 8.3 は，図 8.2 とは対照的に二つの面が凹稜線によってつながれている場合である．このときには，一方の面に載っている頂点 v_i は，もう一方の面 f_j を延長してできる平面より視点に近い．このことは不等式

$$a_j x_i + b_j y_i + c_j + t_i > 0 \tag{8.6}$$

で表すことができる．

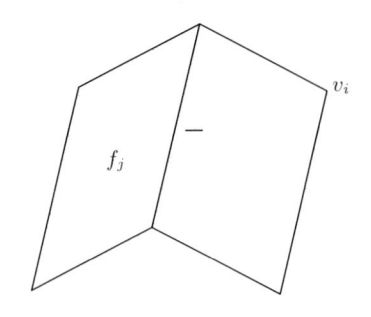

図 **8.3** 凹稜線による遠近関係.

　輪郭線から得られる遠近関係の表現はもう少し複雑である．なぜなら，凸稜線または凹稜線から得られる不等式は等号を含まないのに対して，輪郭線の場合には，より遠くにある立体の部分がその輪郭線と1点で接することはあり得るので，等号の場合も含めて考えなければならないからである．

　今，図 8.4 に示すように，投影図の中に頂点 v_p と頂点 v_q を結ぶ輪郭線があり，矢印のラベルは v_p から v_q へ向かう向きについているとする．そして，この輪郭線の右側の面を f_i とする．

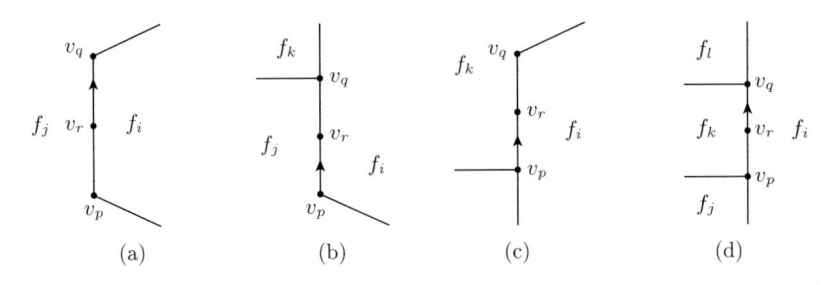

図 **8.4** 輪郭線から得られる遠近関係.

　この輪郭線の左側の状況は，図 8.4 に示すように，四つの場合がある．まず図 8.4(a) に示すように，v_p と v_q がどちらも立体 P の頂点に対応し，左側には一つの面 f_j があるとしよう．v_p と v_q は f_j より視点に近いから，

$$a_j x_p + b_j y_p + c_j + t_p \geq 0, \tag{8.7}$$

$$a_j x_q + b_j y_q + c_j + t_q \geq 0 \tag{8.8}$$

でなければならない．これらの不等式には，不等式 (8.5), (8.6) とは違って，等号も含まれていることに注意していただきたい．これは，輪郭線は，一方の端で矢印の左側にある背景の面と接することがあり得るからである．

しかし，式 (8.7), (8.8) のみでは，両方とも等号が成り立つことがあるが，その場合には f_i と f_j がこの線に沿って接続していることになるから，輪郭線に分類されていることに反する．したがって，式 (8.7), (8.8) で同時に等号が成り立つ場合を除く工夫をしなければならない．そのために，v_p と v_q の中点に新しく点 v_r を作り，v_r は f_j に載っていて，f_i からは真に遠くにあるという制約を設ければよい．すなわち

$$x_r = (x_p + x_q)/2, \quad y_r = (y_p + y_q)/2, \tag{8.9}$$

$$a_j x_r + b_j y_r + c_j + t_r = 0, \tag{8.10}$$

$$a_i x_r + b_i y_r + c_i + t_r < 0 \tag{8.11}$$

とおく．

次に，図 8.4(b) に示すように，v_p は立体 P の頂点であるが，v_q は頂点に対応しない投影図上の T 型接続点の場合を考える．この場合には，v_p に関する制約は (a) の場合と同じように式 (8.7) で表すことができる．一方，v_q に関しては，この点が面 f_j と f_k に載っており，かつ f_i より遠くにあるという制約を課す．すなわち，

$$a_j x_q + b_j y_q + c_j + t_q = 0, \tag{8.12}$$

$$a_k x_q + b_k y_q + c_k + t_q = 0, \tag{8.13}$$

$$a_i x_q + b_i y_q + c_i + t_q \leq 0 \tag{8.14}$$

である．この場合も，式 (8.7) と式 (8.14) において同時に等号が成り立つと，輪郭線であることに反するため，v_p と v_q の中点 v_r を新たに作って，式 (8.9), (8.10), (8.11) の制約を課さなければならない．

第 3 の場合は，図 8.4(c) に示すように，v_q は立体 P の頂点であるが，v_p は頂点には対応しない投影図上の T 型接続点の場合である．これは，同図の (b) の場合の v_p と v_q の役割りを入れ換えれば同じように制約が作れるから，詳細は省略する．

最後に，図 8.4(d) に示すように，v_p も v_q も T 型接続点である場合を考えよ

う．このときには，v_p は図 8.4(c) の v_p と同様に扱い，v_q は図 8.4(b) において f_j, f_k をそれぞれ f_k, f_l に置き換えて扱えばよい．そして，最後に v_p と v_q の中点 v_r を新たに作って，他の場合と同様に v_r では真に左側の面が遠くにあるという制約（等号の含まれない不等式）を設ければよい．

以上の方法でそれぞれの辺に関して作った不等式をすべて集めてできる連立不等式を

$$B\boldsymbol{w} > 0 \tag{8.15}$$

で表すことにしよう．B はラベルのついた投影図 D から定まる定数行列で，$\boldsymbol{w}$ は未知数ベクトルである．また，式 (8.9), (8.12), (8.13) のように等式も新たに作ったが，これらも，追加した連立方程式をあらためて，式 (8.4) とおくことにする．

以上の定式化から次の性質を得ることができる．

性質 8.1（立体実現可能性） ラベルのつけられた投影図 D が正しく立体を表すためには，線形連立方程式 (8.4) と線形連立不等式 (8.15) をあわせたものが解をもつことが必要かつ十分である．

この性質が成り立つことは，直観的には次のように理解できる．まず，ラベルのつけられた絵 D を投影図にもつ立体 P が存在したとする．このときには，その立体の頂点と面から，頂点の原点からの距離と平面方程式のパラメータの値を読み取ることができる．そして，それらを並べたベクトル $\boldsymbol{w}$ は連立方程式 (8.4) と連立不等式 (8.15) を満たすはずである．なぜなら，P は線のラベルどおりに稜線と面が接続された立体であり，一方，その線のラベルが満たす方程式と不等式を書き並べたものが式 (8.4)，(8.15) だからである．

次に，連立方程式 (8.4) と連立不等式 (8.15) を同時に満たす解 $\boldsymbol{w}$ が存在したとする．$\boldsymbol{w}$ の要素は頂点の原点からの距離と平面方程式のパラメータであるから，$\boldsymbol{w}$ の値を使って，3 次元空間に頂点 $v_1, v_2, \ldots, v_m$ と $f_1, f_2, \ldots, f_n$ が載った平面を配置することができる．この配置に対して，次のような加工を施す．まず，すべての $i = 1, 2, \ldots, n$ に対して，第 i 平面のうち投影像 $I(f_i)$ に対応する部分だけを残して，それ以外の部分を取り除く．次に，D において輪郭線の

左側に対応する面を，図 8.5 の灰色領域で示すように，輪郭線を越えて少しだけ延長して，輪郭線の後ろ側へまわり込むようにする．これによって，原点から見たとき D と同じに見える面の構造が空間にできる．最後にこの構造に厚みをつけて立体の裏側を適当に作る．このとき，見える部分にはみ出さないように裏側の厚みをつければよい．これによって投影図と同じに見える立体 P を実際に構成することができる．

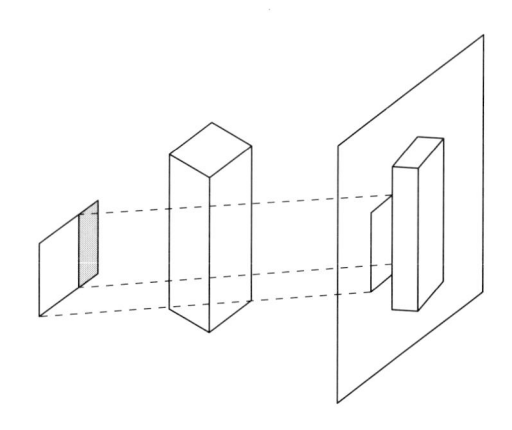

図 8.5 輪郭線の後ろ側への面の拡張．

したがって，式 (8.4) と (8.15) を満たす解 w が存在することと，ラベルのつけられた投影図 D をもたらす立体 P が存在することが同値であることがわかる．すなわち，性質 8.1 が確認できた．

8.2 線形計画問題への帰着

性質 8.1 によって，正しく立体を表す絵とそうでない絵を，数学的に厳密に区別できる．すなわち，絵が正しいか否かを判定する問題は，線形連立方程式・不等式 (8.4), (8.15) の充足可能性を判定する問題に帰着できた．

しかし，具体的にラベルのついた絵が与えられたとき，それが正しく立体を表すか否かを性質 8.1 に従って判定するためには，まだ克服すべき課題がある．そのような課題の一つは，連立不等式の中に等号を含まない不等式が混じっていることである．

線形の方程式と不等式の集合が与えられたとき，それを満たす解があるか否かを判定する方法は，線形計画法とよばれる最適化手法の分野で確立されている．ただし，そこでは，すべての不等式が等号を許し，したがって，制約を満たす変数が動く範囲が閉集合であることが前提となっている．その場合には，単体法などの標準的な手法によって，解があるか否かを判定できる．

しかし，前節で作った連立不等式 (8.15) の中には，(8.5)，(8.6)，(8.11) のように等号を許さない不等式も含まれている．そのため，線形計画法の手法をそのまま使うことはできない．この困難を克服するために，問題をさらに変形することを考える．

そのための出発点として，これまでに行ってきた問題の変形をまとめておこう．もともと解きたい問題は次のとおりであった．

問題 8.1（立体実現問題） 頂点辞書に反しないラベルがつけられた絵 D に対して，それを投影図にもつ立体が存在するか否かを判定せよ．

この問題を私たちが帰着させたのは次の問題であった．

問題 8.2（線形方程式・不等式系の充足可能性判定問題） 線形連立方程式 (8.4) と線形連立不等式 (8.15) を同時に満たす解 w が存在するか否かを判定せよ．

問題 8.2 の答がイエスなら問題 8.1 の答もイエスであり，問題 8.2 の答がノーなら問題 8.1 の答もノーである．

問題 8.2 がイエスかノーかを判定する際に，連立不等式 (8.15) の中に等号を許さない不等式が含まれていることが取扱いを難しくしている．そこで，まず連立不等式 (8.15) のうち，等号を含む不等式だけを取り出して

$$B_1 w \geq 0 \tag{8.16}$$

とおく．そして，残りの不等式を

$$B_2 w > 0 \tag{8.17}$$

とおく．行列 B の行の集合を 2 分割し，適当な順序で並べてできた行列が，B_1

と B_2 である．したがって，どちらも定数行列である．

次の課題は，問題 8.2 の本質を変えないで，連立不等式 (8.17) を，等号を含んだ不等式に置き換えることである．ここで新しい変数 u を導入し，B_2 の行の数と等しい数だけ u を並べてできる変数ベクトルを $\boldsymbol{u} = (u, u, \ldots, u)^{\mathrm{t}}$ とおく．そして，式 (8.17) の代わりに次の不等式を考える．

$$B_2 \boldsymbol{w} + \boldsymbol{u} \geq \boldsymbol{0}. \tag{8.18}$$

ここで次の問題を考える．

問題 8.3（線形計画問題） 変数 $t_1, \ldots, t_m, a_1, b_1, c_1, \ldots, a_n, b_n, c_n, u$ に関する制約条件 (8.4), (8.16), (8.18) のもとで，u を最小にせよ．

これは線形計画問題の形をしている．なぜなら，制約条件 (8.4), (8.16), (8.18) は線形方程式と線形不等式からなり，すべての不等式は等号も含み，さらに最小にすべき目的関数 u も線形であるからである．したがって，問題 8.3 は線形計画法のための標準的手法——たとえば単体法——を用いて解くことができる．

さて，問題 8.2 と問題 8.3 の関係について調べてみよう．まず，問題 8.2 の答がイエスであったとしよう．そのときには，式 (8.4), (8.16), (8.17) を満たす $\boldsymbol{w}$ が存在する．この $\boldsymbol{w}$ を式 (8.17) の左辺に代入したとする．そのとき得られる $B_2 \boldsymbol{w}$ は，B_2 の行の数と等しい数の成分をもつベクトルで，式 (8.17) を満たすからその成分はすべて正である．これらの成分のうち，最も小さな値を $\delta \, (> 0)$ としよう．このとき，

$$B_2 \boldsymbol{w} \geq (\delta, \delta, \ldots, \delta)^{\mathrm{t}} \tag{8.19}$$

だから，$u = -\delta$ とおくと，上の $\boldsymbol{w}$ とこの u は

$$B_2 \boldsymbol{w} + \boldsymbol{u} \geq \boldsymbol{0} \tag{8.20}$$

を満たす．したがって，問題 8.3 の目的関数の値は $u < 0$ となる．

次に，問題 8.3 が最小値 u およびその最小値を実現する変数の値 $\boldsymbol{w}$ をもち，さらに $u < 0$ が満たされるとしよう．このときには

$$B_2 \boldsymbol{w} \geq -(u, u, \ldots, u)^{\mathrm{t}} > \boldsymbol{0} \tag{8.21}$$

であるから，式 (8.17) が満たされる．
以上の考察から次のことが導かれた．

性質 8.2（線形計画問題への帰着） 問題 8.3 が負の最小値 u をもつことが，問題 8.2 の答がイエスとなるために必要かつ十分である．

したがって，問題 8.2 を解きたかったら，問題 8.3 を解けばよい．問題 8.3 は線形計画問題であるから解法は確立している．問題 8.2 は問題 8.1 と等価であったから，これでめでたく，絵が正しく立体を表しているか否かを判定する問題を解く手段を構成できたことになる．

8.3 不可能物体は本当に作れないのか？

今まで，不可能物体については，見た人に立体の印象を与えるが，作れそうにないという感じも与える絵という，数理的にはあいまいな特徴づけのまま議論してきた．一方，前節では，ラベルのつけられた絵がラベルどおりの立体を表しているか否かを厳密に判定する方法を構成できた．したがって，不可能物体を表す絵といわれているものが，本当に実現不可能な立体の絵なのかどうかを判定することができる．本節では，これを実際にやってみよう．

ただし，問題 8.3 の形に帰着させて解を探すという方法では，直観に沿った議論は難しいので，ここでは，まずいくつかの具体例で，より直観に訴える方法を使って，不可能物体の不可能性について見ていくことにする．

図 8.6 に示す絵は，ペンローズの三角形 (Penroses' triangle) とよばれる有名な不可能物体の絵である (Penrose and Penrose 1958, Draper 1978)．この絵は，図 7.13 で示したとおり頂点辞書に反しないラベルがつく．しかし，このような投影図をもつ立体は存在しない．このことは次のように説明できる．

図 8.6 に示すように，三角形の中央の穴の中に 1 点 P を固定し，P から紙面に垂直に直線を立てたとしよう．この直線を l とする．ペンローズの三角形は，3 枚の見える面 f_1, f_2, f_3 をもっている．これらの面を含む平面が直線 l とどの順に交点をもつかを考えよう．紙面から手前に z 軸正方向が伸びているとし，f_1, f_2, f_3 を含む平面と直線 l との交点の z 座標が，それぞれ z_1, z_2, z_3 であっ

8.3 不可能物体は本当に作れないのか？

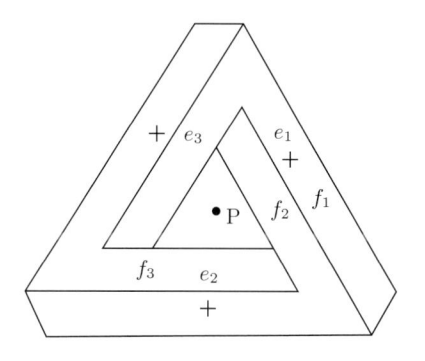

図 **8.6** ペンローズの三角形.

たとしよう．

まず，図中の辺 e_1 に着目しよう．この辺は凸稜線であるから，両側の面 f_1, f_2 が尾根をなすように手前に出っ張って接続している．そして，点 P は e_1 の f_2 側にあるから

$$z_1 > z_2 \tag{8.22}$$

でなければならない．

次に，f_2 と f_3 を接続している辺 e_2 に着目しよう．これも凸稜線であり，P は e_2 の f_3 側にあるから

$$z_2 > z_3 \tag{8.23}$$

でなければならない．同様に，f_3 と f_1 を接続する凸稜線 e_3 に対して，P は f_1 側にあるから

$$z_3 > z_1 \tag{8.24}$$

でなければならない．

しかし，式 (8.22), (8.23), (8.24) より

$$z_1 > z_2 > z_3 > z_1 \tag{8.25}$$

となり，矛盾が生じる．すなわち，f_1, f_2, f_3 を含む 3 枚の平面は矛盾のない順序で直線 l と交わることができない．したがって，ペンローズの三角形を空間において実現することは不可能である．

110　第8章　不可能物体の作り方

　次に，図8.7の絵について検討しよう．これは角材をL字型につないだ部品二つを前後関係が逆転するように組み合わせたもので，したがって，だまし絵である．しかし，この絵に対しては，図8.6のような推論によって矛盾を導くことはできない．実は，この絵から作られる線形計画問題8.3は負の最小値をもち，したがって，この絵は立体として実現可能である．実際に作った立体の写真を図8.8に示す．(a)は，この立体を図8.7と同じに見える視点から撮影したもので，(b)は同じ立体を別の方向から撮影したものである．(b)からわかるように，この立体（遠近逆転の組合せ）は図8.7を見たとき普通に思い浮かべるL字型の物体とはかなり違う形をしている．

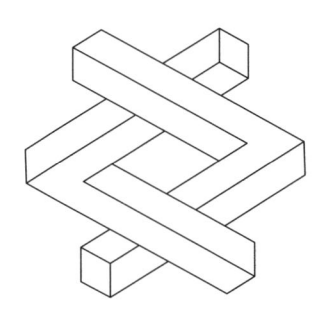

図 **8.7**　遠近逆転の組合せ．

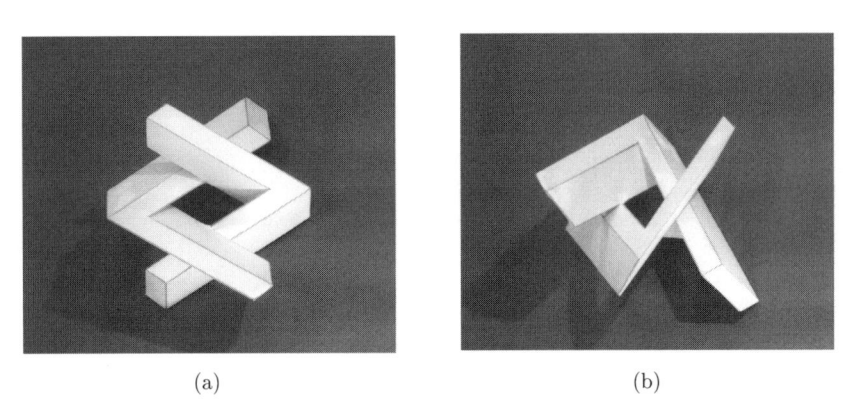

　　　　(a)　　　　　　　　　　　　(b)

図 **8.8**　図8.7の絵を実現した立体（巻頭口絵参照）．

8.3 不可能物体は本当に作れないのか？

　図 8.7 が立体として作れることを直観的に理解しようとしたらどうしたらよいであろうか．そのために，図 8.7 を作っている二つの部品をそれぞれ平たい板とみなしてみよう．厚みのない単なる板なら，図 8.9 のように組み合わせることは無理なくできるであろう．そうしたら，次に，それぞれの板に図 8.7 の絵に描かれている線を書き写し，その線に沿って板を少しだけ折って厚みをつける．90 度に折り曲げるのではなく，ほんの少しだけ折って薄く厚みをつけるだけなら，これも無理なくできるであろう．そうしたら最後に，裏側に物質を詰めて立体を作る．このように，厚みがあるといっても，通常の立体のような厚いものではなくて，薄い立体を考えれば，図 8.7 が立体として作れることは納得できるであろう．

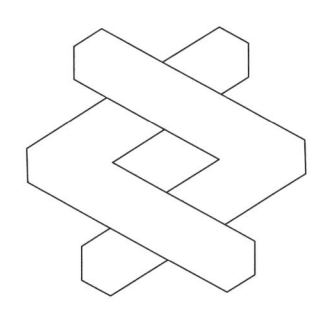

図 8.9　2 枚の薄い板．

　図 8.8 の立体は，次のような手順で作った．まず式 (8.4), (8.15) を満たす解 w の一つを適当に選び，それに基づいてコンピュータの中で立体を作る．そして，その展開図をやはりコンピュータで作る．その結果は，図 8.10 に示すとおりである．最後にその展開図から紙工作で立体を作る．図 8.8 に示した立体はこのようにして作ったものである．

　図 8.10 の展開図には，2 種類の大きさの黒丸が描かれているが，これは二つの部品を接触させる場所を示すものである．すなわち，それぞれの部品を組み立てたあと，同じ大きさの黒丸の位置を合わせると，だまし絵と同じように見える立体を作ることができる．

　もう一つ例を示そう．図 8.11(a) に示したのは，階段をロの字型につないだ構造の投影図である．これは普通の絵である．この絵のように，階段をつない

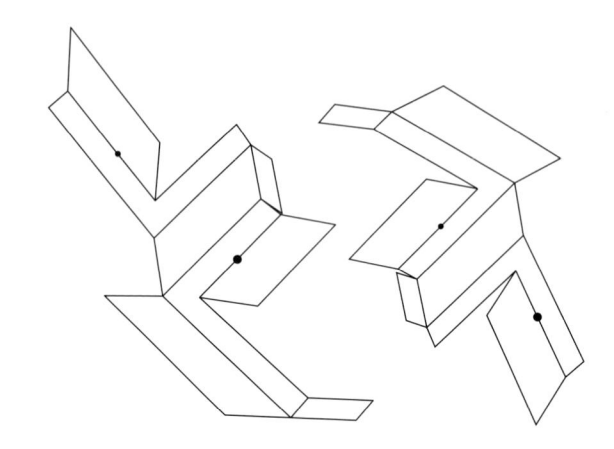

図 **8.10** 図 8.8 の立体の展開図.

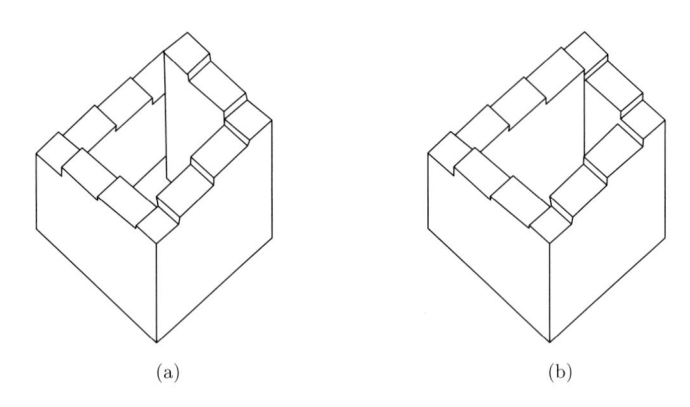

図 **8.11** 終わりのない階段.

でロの字型にすると，一回りしてもとの位置へもどったとき高さ方向に食い違いが生じる．次に，この絵の中で見えている部分と隠されている部分を逆転させると，同図の (b) が得られる．これは不可能物体の絵である．

しかし，これも立体として作ることができる．作った立体の例を図 8.12 に示す．(a) は図 8.11(b) の投影図に一致する視点から撮影したもので，(b) は別の角度から撮影したものである．また，この立体の展開図は図 8.13 に示すとおりである．

(a) (b)

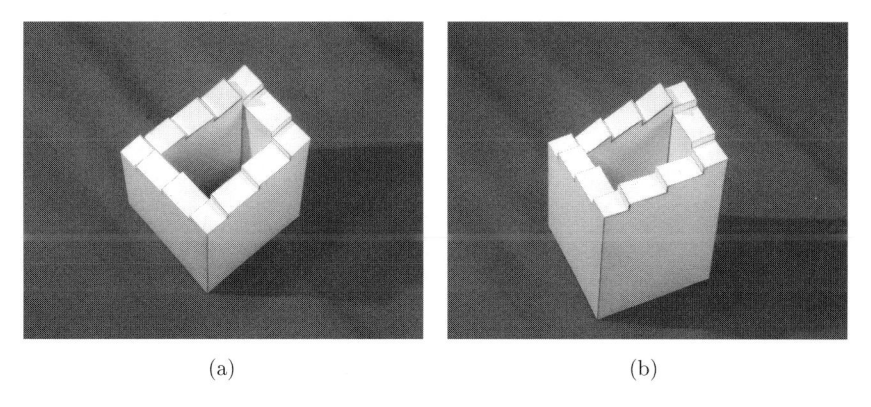

図 8.12 「終わりのない階段」を実現した立体.

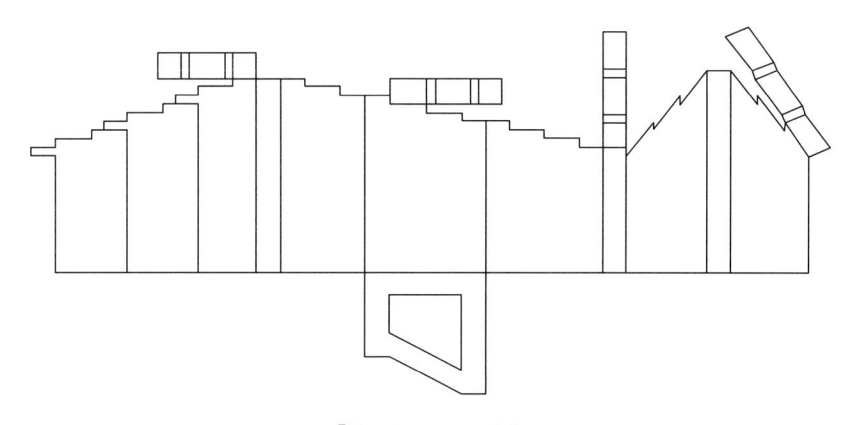

図 8.13 「終わりのない階段」の展開図.

　不可能物体とよばれるものの中には，同様の方法で立体として実現できるものはたくさんある．それらの他の例やその作り方については杉原 (1993, 1997) などを参照されたい．

8.4　作れるのになぜ不可能物体なのか？

　前節で見たように，不可能物体の絵とよばれているにもかかわらず，それを投影図にもつ立体が作れるものもある．作れるのに，なぜ私たちは作れそうにな

いと感じてしまうのであろうか．これに対する一つの説明は次のとおりである．

立体として作れるにもかかわらず不可能物体に見えてしまう絵には一つの共通の特徴がある．それは，それらの絵のほとんどの部分が，互いに平行な3組の線のみで描かれているということである．実際，図8.7も，図8.11(b)も3組の平行線のみから構成されている．

このような絵を見たとき，私たちは，面が互いに直角に交わるように接続されてできた立体であると思い込む傾向があるように思われる．実際，柱や机やたんすなどのように，面が互いに直角に組み合わされて作られている立体を，無限の遠方に視点を置いて見ると，互いに平行な3組の線のみからなる投影図が得られる．この逆は，実は必ずしも真ではないのだが，そのような経験に慣らされている私たちは，無意識のうちに面が直角に接続されていると思ってしまうのであろう．

実際，面と面を直角に接続して立体を作ろうとしたら，図8.7や図8.11(b)に描かれている立体は作れない．面と面が直角とは限らない一般の角度で接続してもかまわないという前提に立つとき，はじめてそのような立体が作れるのである．すなわち，直角に見えるところを直角以外の角度で作るというのが，ここで用いたトリックである．

8.5　もう一つの立体実現法

実現不可能に見える立体を作る方法はほかにもある．古くから知られているその一つは，つながっているように見えるところに，奥行き方向のギャップを設けるというトリックである．

一例を図8.14と図8.15に示す．図8.14(a)は不可能物体の絵で，これは実現不可能である．この不可能物体は四つの角材から構成されているが，そのことを強調するために，角材のつなぎ目に線を入れたものが同図の(b)である．したがって，(b)も不可能物体の絵である．

しかし，(b)の絵を投影図にもつ立体は作れる．その立体の写真を図8.15に示す．(a)は，図8.14(b)と同じに見える方向から撮影したもので，(b)はその立体を別の方向から撮影したものである．この写真からもわかるように，絵の中でつながっているように見えるところに，奥行き方向のギャップを設けてあ

8.5 もう一つの立体実現法　115

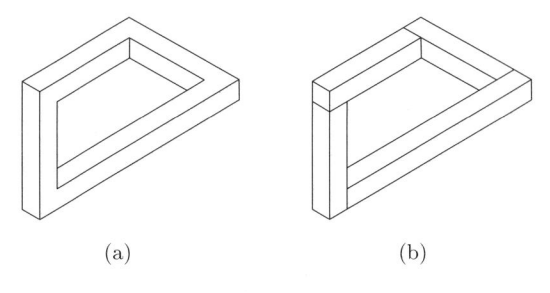

図 **8.14**　四つの角材からなる不可能物体.

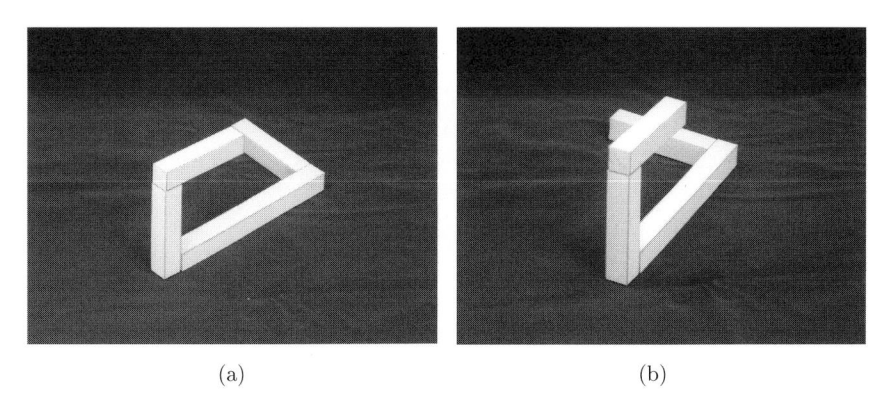

図 **8.15**　図 8.14(b) の絵を投影図にもつ立体（巻頭口絵参照）.

る．これを特別の視点から見ると，(a) に示すように離れているところがつながっているように見え，不可能な立体が実現されているように見えるのである（ひねられた接合）．

　福田繁雄は，このトリックを利用して，エッシャーのだまし絵を立体として実現している（エルンスト 1983, 福田 2000）．

第9章
不可能な物理現象の創作

投影図が正しく立体を表している場合には，その投影図をもつ立体は一義的に決まるのではなく，無限に多くの可能性がある．特に，絵から立体を復元する自由度が大きいほど，絵から普通に思い浮かべる立体から大きく離れた多様な立体を作ることができる．その自由度を利用すると，あり得ない物理現象を伴うかのような印象を与えることもできる．本章では，絵を投影図にもつ立体を構成する際の自由度の分布を解析し，不可能と思われる物理現象をもたらすことのできる立体を作る方法を考える．

9.1 立体復元の自由度

まず，投影図からそこに描かれている立体を復元する際の自由度 (Sugihara 2005) について考えてみよう．

空間に固定された立体を P とおく．第8章で立体 P の投影図 $I(P)$ から作った連立方程式 (8.4)，連立不等式 (8.15) に現れるすべての頂点の集合を $V(P)$ とおき，すべての面の集合を $F(P)$ とおく．連立方程式 (8.4) に含まれる一つ一つの方程式は，一つの頂点 v_i が一つの面 f_j の上に載っているという制約を表すものであった．これらの方程式を作る v_i と f_j の対 (v_i, f_j) をすべて集めたものを $R(P)$ とおく．

第8章で見たとおり，立体 P の投影図 $I(P)$ と同じ投影図をもつ立体の集合は，$I(P)$ から作った連立方程式 (8.4)，連立不等式 (8.15) を満たすベクトル $\boldsymbol{w}$ の集合と一致する．したがって，特に，そのような立体のうちの一つを指定する

ために値を与えるべき w の成分の数を，立体 P の**自由度** (degrees of freedom) とよび，$\sigma(P)$ で表すことにする．$\sigma(P)$ は，連立方程式 (8.4) の変数の数と独立な方程式の数の差に一致する．各頂点は原点からその頂点までの距離を変数にもち，各面はその平面方程式の係数 3 個を変数にもつ．したがって，

$$\sigma(P) = |V(P)| + 3|F(P)| - \text{rank}(A) \tag{9.1}$$

である．

　頂点の原点からの距離を指定して立体 P を決定しようとするときには，自由度 $\sigma(P)$ は，距離を指定することのできる頂点の数を表している．したがって，自由度の小さい立体 P は，絵からそれを投影図にもつ立体を復元しようとするとき，任意性があまり大きくない．逆に自由度が大きい場合には，同一の投影図をもつ立体に多様な可能性があることを表している．したがって，自由度の大きい立体ほど，絵を見たとき人が思い浮かべる立体から大きくかけ離れた立体を作ることができるであろう．これが，新しいタイプのイリュージョンを生み出す鍵となる．

　まずは，立体 P の自由度の下限について調べておこう．

　図 9.1 に示すように，原点を投影中心とし，平面 $z = 1$ を投影面とする中心投影によって，空間に固定された立体 P の投影図 $I(P)$ が得られたとしよう．そして，空間の点 $(x, y, z)^{\text{t}}$ を別の点 $(x', y', z')^{\text{t}}$ へ移す変換

$$\begin{pmatrix} x' \\ y' \\ z' \end{pmatrix} = \frac{1}{\alpha x + \beta y + \gamma z + \delta} \begin{pmatrix} x \\ y \\ z \end{pmatrix} \tag{9.2}$$

を考える．ただし，$\alpha, \beta, \gamma, \delta$ は定数で，考えている点 $(x, y, z)^{\text{t}}$ が動く範囲では，$\alpha x + \beta y + \gamma z + \delta > 0$ が満たされているとする．点 $(x, y, z)^{\text{t}}$ が立体 P 内を動くとき，変換 (9.2) で得られる点 $(x', y', z')^{\text{t}}$ の全体もある立体内を動く．この立体を Q と名づけよう．このとき，P と Q の投影像は一致する．すなわち $I(P) = I(Q)$ が成り立つ．このことは，次のようにして理解できる．

　まず，点 $(x, y, z)^{\text{t}}$ と点 $(x', y', z')^{\text{t}}$ の投影像は一致する．なぜなら，点 $(x', y', z')^{\text{t}}$ は，点 $(x, y, z)^{\text{t}}$ のすべての座標成分に同一の値 $1/(\alpha x + \beta y + \gamma z + \delta)$ をかけて得られるから，これら二つの点は原点を通る同一の直線上にあるからである．

9.1 立体復元の自由度　119

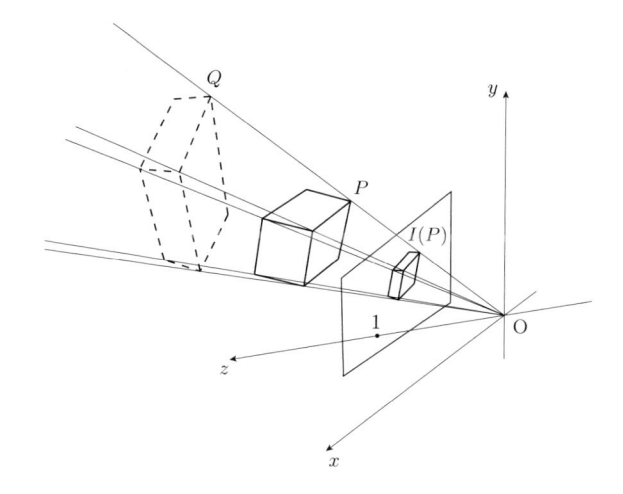

図 **9.1**　同じ投影図をもつ二つの立体.

　第二に，点 $(x,y,z)^{\mathrm{t}}$ がある直線上を動くとき，$(x',y',z')^{\mathrm{t}}$ も一つの直線上を動く．これを確認するために，便宜的に，点 $(x,y,z)^{\mathrm{t}}$ に第4の成分1を加えた4次元空間の点 $(x,y,z,1)^{\mathrm{t}}$ を考え，この点をもう一つの4次元空間の点 (x',y',z',w') へ移す変換

$$\begin{pmatrix} x' \\ y' \\ z' \\ w' \end{pmatrix} = \begin{pmatrix} 1 & 0 & 0 & 0 \\ 0 & 1 & 0 & 0 \\ 0 & 0 & 1 & 0 \\ \alpha & \beta & \gamma & \delta \end{pmatrix} \begin{pmatrix} x \\ y \\ z \\ 1 \end{pmatrix} \tag{9.3}$$

を考えよう．これは一次変換であるから，4次元空間において点 $(x,y,z,1)^{\mathrm{t}}$ が一つの直線上を動くときには，変換後の点 $(x',y',z',w')^{\mathrm{t}}$ も4次元空間において一つの直線上を動く．

　点 $(x,y,z)^{\mathrm{t}}$ は，4次元空間の点 $(x,y,z,1)^{\mathrm{t}}$ を，原点を投影中心として，第4座標の値が1に固定された3次元部分空間へ中心投影したものとみなすことができる．一方，変換 (9.2) によって $(x,y,z)^{\mathrm{t}}$ が移された点は点 $(x'/w',y'/w',z'/w')^{\mathrm{t}}$ と書くことができ，これは，4次元空間の点 $(x',y',z',w')^{\mathrm{t}}$ を，原点を投影中心として，第4座標の値が1に固定された3次元部分空間へ中心投影したものとみなすことができる．4次元空間で一直線上を動く点を3次元部分空間へ中

心投影した点もやはり一直線上を動く．したがって，点 $(x, y, z)^{\rm t}$ が 3 次元空間で一つの直線上を動けば，変換 (9.2) で移された点 $(x', y', z')^{\rm t}$ も一つの直線上を動く．

同様の理由によって，点 $(x, y, z)^{\rm t}$ が，3 次元空間において一つの平面上を動くときには，変換 (9.2) で移された点 $(x', y', z')^{\rm t}$ も一つの平面上で動く．

以上を総合すると，点 $(x, y, z)^{\rm t}$ が平面だけで囲まれた立体 P の中を動くときには，変換 (9.2) で移された点 $(x', y', z')^{\rm t}$ が動く領域の全体 Q も，平面だけで囲まれた立体をなす．したがって，立体 P と立体 Q は，ともに平面だけで囲まれた立体であり，その投影像 $I(P)$ と $I(Q)$ は一致する．言い換えると，与えられた絵を投影図とする立体 P が存在するときには，P を変換 (9.2) で移して得られる立体も同じ投影図をもつ．

変換 (9.2) は 4 個のパラメータ $\alpha, \beta, \gamma, \delta$ をもつ．したがって，どのような絵も，それが立体の正しい投影図であれば，その絵から立体を復元する自由度は少なくとも 4 はあることがわかる．

自由度の下限が 4 であることは，直観的にも，次のようにして理解できる．与えられた絵から，それを投影図にもつ立体を作りたいとしよう．まず，絵に描かれている面のうちの任意の一つを選び，その面上の同一直線上にはない 3 点の原点からの距離を指定する．そのための自由度は 3 である．次に，この面と辺で隣り合う面を一つ選んで，その上の一つの頂点の原点からの距離を指定する．これで，第 4 の自由度を使ったことになる．これによって，隣り合う二つの面の角度が決まるから，その周辺での立体の厚みを指定したことになる．このように，どんな絵も正しく立体を表しているなら，その立体を決定するために少なくとも自由度 4 がある．

したがって，次の性質が得られた．

性質 9.1（自由度の下限） 任意の立体 P に対して，P の投影図 $I(P)$ から，その投影図をもつ立体を復元するための自由度 $\sigma(P)$ は

$$\sigma(P) \geq 4 \tag{9.4}$$

を満たす．

9.2 自由度の分布と多面体の分解

前の節では，立体 P の投影図 $I(P)$ 全体にわたる自由度を考えたが，次にここでは，立体または投影図の一部分のみに含まれる自由度について考えることにする．すなわち，絵の中に，どのように自由度が分布しているかを考える．

立体 P の投影図 $I(P)$ から作った連立方程式 (8.4)，連立不等式 (8.15) に含まれる頂点の集合 $V(P)$，面の集合 $F(P)$，頂点とそれを含む面との対の集合 $R(P)$ を考える．$X \subseteq F(P)$ を，任意の面の部分集合とする．X に含まれるいずれかの面に載っている頂点の集合を $V(X)$ とおく．$V(X) \subseteq V(P)$ である．また，$R(P)$ に含まれる対 (v_i, f_j) のうち，第 2 成分 f_j が X に属すものの全体を $R(X)$ とおく．すなわち

$$R(X) = R(P) \cap (V \times X), \tag{9.5}$$

$$V(X) = \{v \in V(P) \mid (v, f) \in R(P) \text{ を満たす } f \in X \text{ が存在する}\} \tag{9.6}$$

とおく．

連立方程式 (8.4) の係数行列 A の行は $R(P)$ の要素と 1 対 1 に対応していた．そこで，$R(P)$ の部分集合 $R(X)$ の要素に対応する A の行のみを集めてできる A の部分行列を $A(X)$ で表すことにする．このとき，

$$A(X)\boldsymbol{w} = \boldsymbol{0} \tag{9.7}$$

は，式 (8.4) に現れる方程式集合の部分集合である．

面の部分集合 X に着目し，それにかかわる頂点集合 $V(X)$，頂点と面の対の集合 $R(X)$，方程式集合 (9.7) を集めたものを，X で定まる P の**部分構造** (substructure) とよぶ．

任意の $X \subseteq F(P)$ に対して，X で定まる P の部分構造の自由度 $\sigma(X)$ を

$$\sigma(X) = |V(X)| + 3|X| - \mathrm{rank}(A(X)) \tag{9.8}$$

で定義する．$|V(X)| + 3|X|$ は方程式集合 (9.7) に実質的に現れる変数の数で，$\mathrm{rank}(A(X))$ は式 (9.7) の中の線形独立な方程式の数である．したがって，立体 P の投影図 $I(P)$ から立体のうちの面集合 X にかかわる部分構造のみを復元しようとするときの自由度が $\sigma(X)$ である．

部分構造の自由度から全体の自由度を計算するために，次の性質が役立つ．

性質 9.2（自由度の計算法） X_1 と X_2 は $F(P)$ の部分集合で，$X_1 \cup X_2 = F(P)$ を満たすとする．
(1) $X_1 \cap X_2 = \emptyset$ かつ $|V(X_1) \cap V(X_2)| \leq 2$ なら

$$\sigma(X_1 \cup X_2) = \sigma(X_1) + \sigma(X_2) - |V(X_1) \cap V(X_2)| \qquad (9.9)$$

が成り立つ．
(2) $|X_1 \cap X_2| = 1$ かつ $V(X_1) \cap V(X_2) = F(X_1 \cap X_2)$ なら，

$$\sigma(X_1 \cup X_2) = \sigma(X_1) + \sigma(X_2) - 3 \qquad (9.10)$$

が成り立つ．

この性質が成り立つことは，次のようにして確かめられる．

まず，$X_1 \cap X_2 = \emptyset$ かつ $|V(X_1) \cap V(X_2)| \leq 2$ が成り立つとする．この状態を図 9.2 に示した．左右の二つの立体を X_1, X_2 とし，それらが共有する頂点——すなわち $V(X_1) \cap V(X_2)$ に属する頂点——を，図では黒丸で示した．同図の (a), (b), (c) は，共有する頂点がそれぞれ 0 個，1 個，2 個の場合を示している．

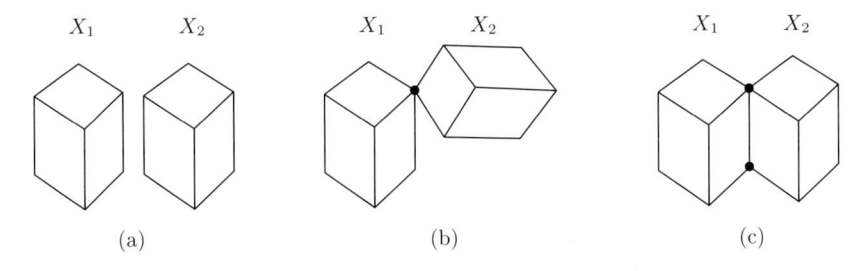

図 9.2 共有頂点が 2 個以下となる分解．

いま $V(X_1)$ に属する頂点のうち $\sigma(X_1)$ 個を選んで，それらの頂点の原点からの距離を指定したとしよう．これによって，部分構造 X_1 を空間に固定することができる．このとき，もちろん，$V(X_1) \cap V(X_2)$ に属する頂点も空間に固定される．したがって，X_2 に属する面に残される自由度は

$$\sigma(X_2) - |V(X_1) \cap V(X_2)| \qquad (9.11)$$

である．以上により，部分構造 $X_1 \cup X_2$ 全体の自由度は $\sigma(X_1 \cup X_2) = \sigma(X_1) + \sigma(X_2) - |V(X_1) \cap V(X_2)|$ となることがわかる．すなわち性質 9.2 の (1) が確かめられた．

次に $|X_1 \cap X_2| = 1$ かつ $V(X_1) \cap V(X_2) = F(X_1 \cap X_2)$ が成り立つとしよう．これはすなわち，図 9.3 に示すように，二つの部分構造 X_1 と X_2 が唯一つの面を共有することを意味している．したがって，X_1 に関する部分構造を定めると，X_1 と X_2 の共通部分に含まれる頂点と面も，空間においてその位置が一意に定まる．すなわち，X_1 に属す面の位置を決めると，X_1 と X_2 が共有する面およびそれらの上に載っている頂点をすべて空間に固定したことになる．これは，すなわち，X_2 から自由度 3 を除いたことを意味する．したがって $\sigma(X_1 \cup X_2) = \sigma(X_1) + \sigma(X_2) - 3$ が成り立つ．以上で性質 9.2 が確認できた．

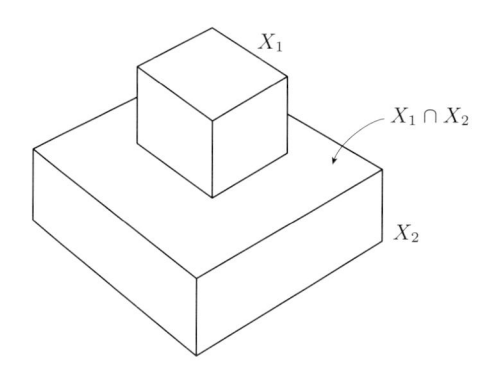

図 **9.3** 一つの面を共有する分解．

前に見たとおり，正しく立体を表す絵から，そこに描かれている立体を復元する自由度は必ず 4 以上である．この自由度の下限 4 を満たす部分構造は，自由度の分布を調べる上で特に重要である．そこで，次のような概念を導入する．

面の部分集合 $X \subseteq F(P)$ は，$\sigma(X) = 4$ でありかつ任意の非空な $Y \subseteq F(P) - X$ に対して $\sigma(X \cup Y) \geq 5$ であるとき，X を**緊密成分** (tight component) という．つまり，緊密成分とは自由度 4 をもつ極大な面集合のことである．立体 P は，$X = F(P)$ が唯一の緊密成分であるとき，**緊密** (tight) であるといい，2 個以上の緊密成分をもつとき**疎** (loose) であるという．

X を，辺を共有する二つの面からなる集合とする．$\sigma(X) = 4$ である．なぜ

なら，X に属する面のうちの一方を空間に固定するためには，その上の3個の頂点の視点からの距離を指定すればよいから，自由度3があり，さらに他方の面を固定するために，共有辺のまわりの回転の角度を指定すればよいから，もう1自由度があるからである．しかし，このような緊密成分にはあまり興味がない．そこで，緊密成分 X が，辺を共有する二つの面から構成されているときには，X を**自明** (trivial) な緊密成分とよび，そうでない緊密成分を非自明な緊密成分とよぶ．

P を与えられた立体とする．そして，P の非自明な緊密成分をすべて集めた集合を $\{X_1, X_2, \ldots, X_k\}$ とし，$Y = F(P) - X_1 \cup X_2 \cup \cdots \cup X_k$ とおく．集合 $\{X_1, X_2, \ldots, X_k, Y\}$ を，P の**緊密成分分解** (dense component decomposition) とよび，Y をこの緊密成分分解の**剰余成分** (residual part) とよぶ．

図 9.3 に示す立体においては，上の直方体を構成する面の集合 X_1 と下の直方体を構成する面の集合 X_2 は，それぞれ非自明な緊密成分である．ただし，下の直方体の上面と上の直方体の底面とは同一の一つの平面であり，その1個の面からなる集合が $X_1 \cap X_2$ である．この立体の緊密成分分解は $\{X_1, X_2\}$ で，この場合には，剰余成分はない．

図 9.2 に示した立体においても X_1 と X_2 が非自明な緊密成分で，$\{X_1, X_2\}$ がこの立体の緊密成分分解となる．このように，この図の (a), (b), (c) の立体はいずれも同一の緊密成分分解 $\{X_1, X_2\}$ をもつ．ただし，緊密成分の間の関係は異なる．(a) では頂点も共通部分がないのに対して，(b) では1個，(c) では2個の頂点が二つの緊密成分の間で共有されている．

自明な緊密成分をもつ典型的な例は，図 9.4 に示すように，三角形の面のみで囲まれた立体である．三角形の面のみからなる立体を投影図から復元して空間に固定するためには，すべての頂点の視点からの距離を指定しなければならない．すなわち，立体の頂点の数がその立体の自由度となる．したがって，この場合には辺を共有する2枚の面からなる集合が，すべて緊密成分であり，それらは自明な緊密成分である．したがって，$Y = F(P)$ 自身が剰余成分となる．

非自明な緊密成分と自明な緊密成分の両方をもつ一般の立体の分解の例を図 9.5 に示す．この図の (a) の立体は，直方体の上に，その上面と同じ形の底面をもつ四角錐が接続されてできている．この立体を緊密成分に分解すると，同図

9.3 立体の自由度を利用したイリュージョン　125

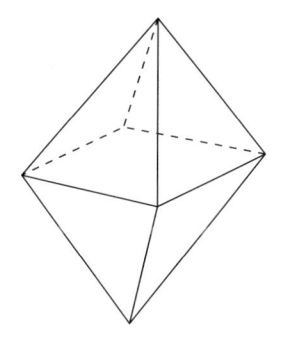

図 **9.4**　三角形面で囲まれた立体.

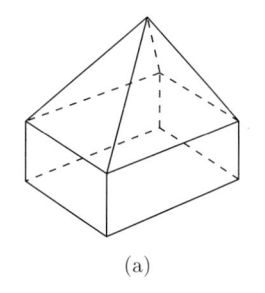

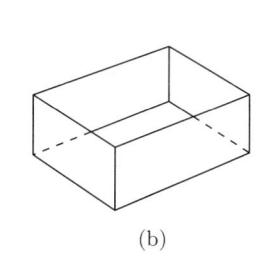

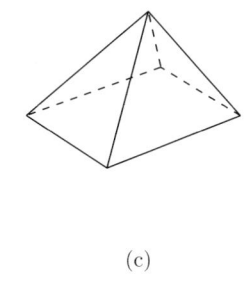

図 **9.5**　立体の緊密成分分解.

の (b) と (c) に示す二つの成分に分かれる．(b) は，直方体の上面以外の 5 個の面の集合からなる緊密成分で，非自明である．一方，(c) は，四角錐を構成する 4 個の側面からなる成分で，これは剰余成分である．

9.3　立体の自由度を利用したイリュージョン

　緊密な立体は，その投影図から立体を再構成する際の自由度が 4 しかないから，無限に多くの立体が作れるとはいうものの，その構造は大きく制限されている．そのため，投影図を見た人が思い浮かべる立体から非常にかけ離れた立体を作ることは難しく，したがって，人の知覚をあざむく立体を作ることのできる余地は少ない．

　一方，疎な立体は，より多くの自由度をもつため，投影図から人が思い浮か

べる立体とは大きくかけ離れた立体を作れる可能性も大きい．立体の自由度が大きければ大きいほど，その可能性も大きくなる．この性質をうまく利用すると，通るはずのない隙間に棒が通ったり，斜面を逆に玉が転がりながら登ったりするなどの，あり得ない物理現象が起こっているかのような錯覚を与えることができる．以下にその例を示そう．

図 9.6 に，二つの壁からなる立体を 2 種類示した．(a) は緊密な立体で，その自由度は 4 である．一方，(b) は，左右の二つの緊密成分からなる．それら二つの成分を X_1, X_2 とおこう．これら二つの成分は 2 個の頂点を共有しているから，性質 9.2 の (1) より，この立体の自由度は $\sigma(X_1 \cup X_2) = \sigma(X_1) + \sigma(X_2) - 2 = 4 + 4 - 2 = 6$ である．

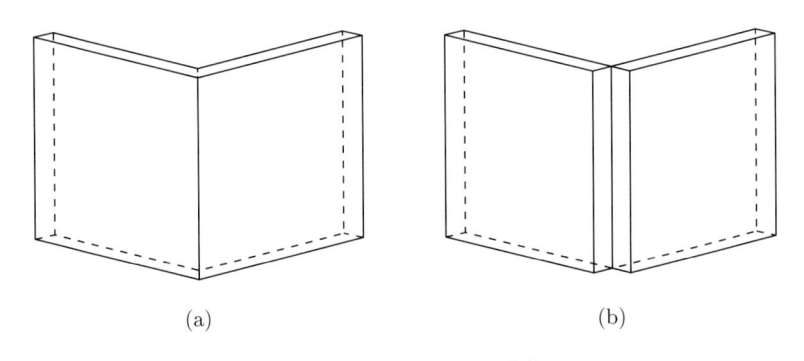

図 9.6 二つの壁からなる立体．

これら二つの立体の壁に，それぞれ図 9.7 に示すように四角い窓を設けたとしよう．このように窓を設けても，立体の自由度は変わらない．したがって，図 9.7(a) の立体は自由度 4 をもち，同図 (b) の立体は自由度 6 をもつ．

図 9.7(a), (b) の立体は，どちらも，左右の壁が中央で手前に出っ張るように接続されており，中央から右または左へ離れるほど視点から遠ざかる構造をしているというのが，これらの絵の最も自然な解釈であろう．

次に，図 9.7 の二つの立体の絵に，図 9.8 に示すように，二つの窓を同時に貫通する棒を描いてみよう．ここに描いた棒は，二つの壁が中央で手前に出っ張って接続されているという解釈に反する貫通の仕方をしている．したがって，図 9.8 はどちらも不可能物体の絵である．

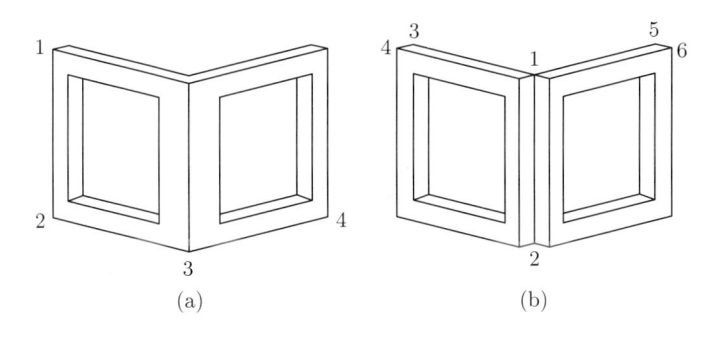

9.3 立体の自由度を利用したイリュージョン　127

図 9.7 壁に窓を設けた立体.

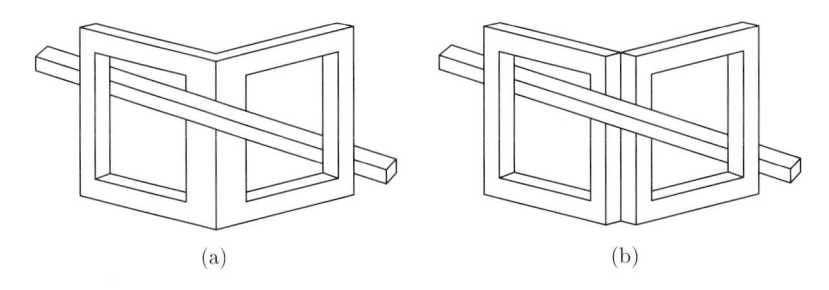

図 9.8 窓に棒を貫通させる不可能物体.

ところで，3次元空間においてこのように棒が貫通することは，本当に不可能であろうか．(a) の立体では，これは確かに不可能である．このことは次のようにして理解できる．図 9.7(a) に示すように頂点に 1, 2, 3, 4 と番号をつける．頂点 1, 2, 3 の視点からの距離を指定すると，左の壁の前面が空間に固定される．次に，右側の壁の頂点 4 の視点からの距離を指定するとこの立体の厚みが確定する．このとき，頂点 4 の距離は，頂点 1, 2, 3 で定まる平面より頂点 4 が遠くなるように指定しなければならない．なぜなら，そうしないと，この立体の見えている稜線より裏側の隠されている稜線の方が視点に近くなって，この絵とは異なる立体になってしまうからである．したがって，どのように頂点 1, 2, 3, 4 の距離を指定しても，中央の縦の稜線は凸稜線となり，視点側へ出っ張る．この立体の自由度は 4 であるから，頂点 1, 2, 3, 4 の距離を指定することによってその自由度をすべて使い切る．したがって，この立体の再構成に，これ以上手を加える余地はなく，図 9.8(a) のように棒が貫通することはあり得ない．

(a) (b)

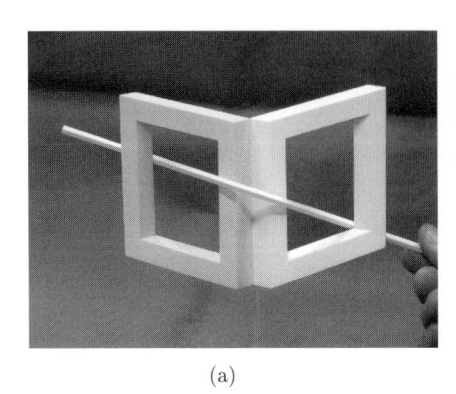

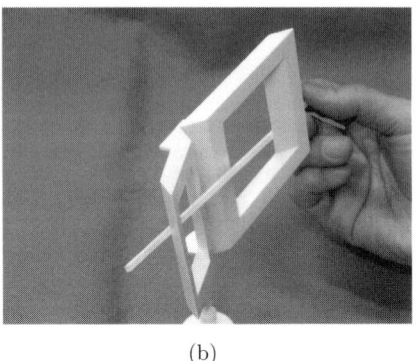

図 9.9 「歪んだ窓空間」を通る棒（巻頭口絵参照）．

では，(b) の立体はどうであろうか．この立体は (a) とは異なり自由度は 6 である．実は，この自由度をうまく使うと，図 9.8(b) のように棒を貫通させることができるようになる．これを見るために，図 9.7(b) に示すように頂点 $1, 2, \ldots, 6$ と番号をつけよう．最初に頂点 $1, 2$ の距離を指定する．次に，頂点 $1, 2, 3$ で定まる平面より，頂点 5 の方が視点に近くなるように，頂点 3 と頂点 5 の距離を指定する．この結果，頂点 $1, 2, 3$ で定まる面と，頂点 $1, 2, 5$ で定まる面は，中央の縦の稜線に沿って奥へ引っ込むように谷をなして交わる．この立体にはまだ自由度 2 が残っているから，最後に頂点 4 の距離を，頂点 $1, 2, 3$ で定まる平面より手前に定め，頂点 6 の距離を，頂点 $1, 2, 5$ で定まる平面より手前に指定することによって，立体を決定することができる．

このように構成した立体では，左右の壁が中央の縦の稜線に沿って奥へ引っ込むように接続されているから，図 9.8(b) のように棒を貫通させることが実際に可能になる．

上に述べた方法で図 9.7(b) の立体を作り，そこに棒を通す動きを加えている状況を撮影した写真を図 9.9(a) に示す（歪んだ窓空間）．図 9.9(b) は同じ状況を左から見て撮影した写真である．このように立体のもつ自由度 6 をうまく利用することによって，あり得ない向きに棒が窓を貫通するという現象が生じているかのような錯覚を作り出すことができる．

もう一つ不可能な物理現象が生じているように見える立体を紹介しよう．こ

れは,「反重力すべり台」と名づけたもので,玉が斜面を転がりながら登っていくように見える錯覚を生み出すものである.

この立体の投影図は,図 9.10 に示すとおりである.この立体は,この図のように水平な台 A の上に立った垂直な柱に支えられた二つのすべり台 B, C から構成されている.

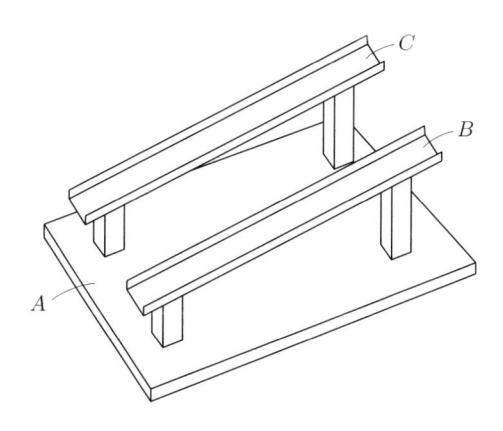

図 9.10 平行な二つの斜面.

この立体の自由度は少なくとも 10 である.このことは次のようにして理解できる.まず,台となる直方体 A は自由度 4 をもつ.一方,それとは独立に,すべり台の面 B と C をそれぞれ空間に固定するとすればそれぞれ自由度 3 をもつ.実際,B と C をそのように独立に指定したとしよう.このとき,投影図に一致するように 4 本の柱を作ることができる.さらに,それぞれの柱の上面が,すべり台 B, C の裏側のどの位置で接続するかを決める自由度が残っているから,さらに自由度が残っていることがわかる.したがって,この立体の自由度は 10 以上である.

このように,この立体は大きな自由度をもつから,多様な立体を作ることができる.そこで,まず台 A は 3 次元空間で水平に置かれたすなお直方体として作る.次に,B と C の面は自由に決めることができるので,B には,右から左へ下る斜面を指定し,C には,逆に左から右へ下る斜面を指定する.そして,それらとすべり台の裏側でちょうど接続するように柱の形を決める.これで,目的の反重力すべり台ができる.

この立体の斜面に玉を転がすことを考えてみよう．斜面 B は，絵からすなおに思い浮かべる向き——すなわち右から左へ下りる向き——に作られているから，そこに玉を転がすと，実際，右から左へ転がり落ちる．一方，斜面 C は，絵からすなおに思い浮かべる向きとは逆に，左から右へ下りる向きに作られているから，そこに玉を転がすと，見ている人には，斜面を玉が転がりながら登っていくように知覚される．

この状況を撮影した写真を図 9.11 に示す．(a) は図 9.10 の投影図と同じに見える方向から撮影したもので，(b) は，同じ立体を一般の方向から撮影したものである．

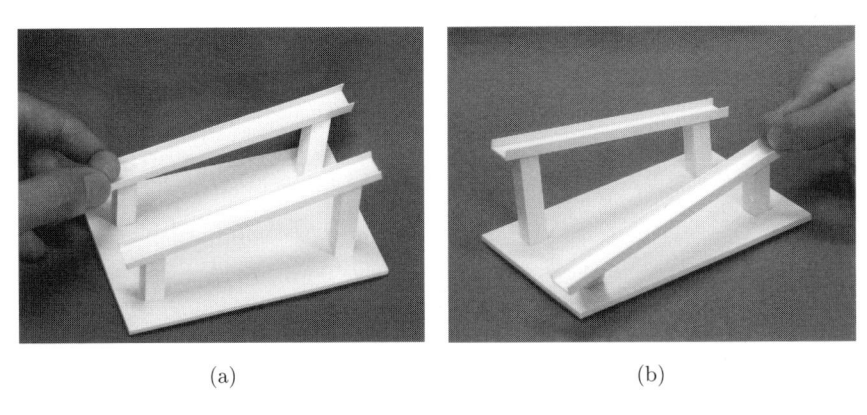

(a) (b)

図 9.11 「反重力すべり台」を登る玉（巻頭口絵参照）．

これらの例からわかるように，自由度が 5 以上の疎な立体に対しては，絵から人が思い浮かべる構造とは根本的に異なる立体を構成できることが多い．そして，この自由度を利用すると，あり得ない物理現象が生じているかのような錯覚を生じさせることができるわけである．

9.4 エイムズの部屋

前節では，自由度が 4 より大きい立体の多様性を利用して，不可能に見える物理現象を創作する方法を考えた．一方，自由度が 4 しかない立体に対しては，恣意的な操作の余地が少ないために，そのようなイリュージョンを創作すること

は難しい．しかし，自由度が4しかないにもかかわらずイリュージョンを作り出すことのできる立体錯視の名作がある．それは**エイムズの部屋** (Ames' room) とよばれる部屋である．

アーデルバート・エイムズは，米国のオプトメトリストであったが，立体と視覚の関係に深い興味をもち，いくつかの新しい立体錯視を見つけた (Ames 1951)．その一つがエイムズの部屋である．

これは壁で囲まれた部屋で，その壁の一ヶ所にのぞき穴があり，そこから中をのぞくことができる．のぞいて見ると，単純な直方体の部屋に見える．しかし，図 9.12 に示すように，その部屋に二人の人が入って，それぞれ部屋の奥の右隅と左隅に立つと，二人の身長が大きく異なって見える．まるで，短時間のうちに，一方の人は背が縮まり，もう一方の人は背が伸びたように見える．また，その二人の人が，大きくふくらませた風船でキャッチボールをすると，大きい人がもっていたときは大きかった風船が，小さい人の手に届くときには小さくなって見える．それをまた，大きい人が受け取ると，もとの大きい風船に戻る．まるで，部屋の一方の隅は人や物を小さくする力をもっており，もう一方の隅は逆に人や物を大きくする力をもっているように見える．

次に，このエイムズの部屋の作り方について見てみよう．これは，著者が，何年か前に，NHK 教育テレビの番組『やってみよう，何でも実験』の中で，番組制作スタッフの人たちと一緒に設計し，都立高校の生徒さんたちと一緒に作っ

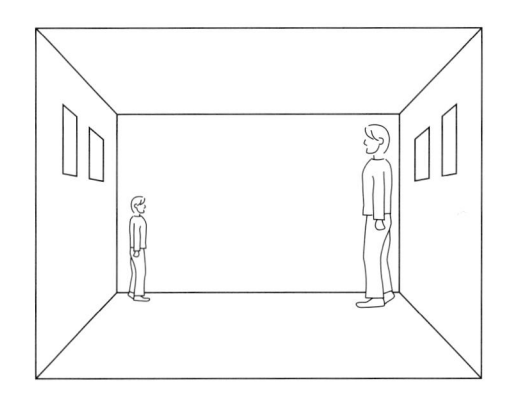

図 **9.12** エイムズの部屋．

132　第 9 章　不可能な物理現象の創作

たものである．

　まず，図 9.13 に太い実線と破線で示すように，直方体の部屋を一つ想定する．図のように，手前の壁の四角形の頂点を A, B, C, D とし，奥側の壁の四角形の頂点を E, F, G, H とする．これが，のぞき穴からのぞいたとき見せかけたい部屋の形である．次に，この直方体の壁の一ヶ所にのぞき穴 P の位置を固定する．これが，この部屋を眺めるときの視点位置である．P からのぞいたとき，この直方体と同じに見える部屋を構成する自由度は 4 である．実際，奥の壁 EFGH と同じに見える壁は，この壁の 3 頂点の視点からの距離を指定すると決まり，さらに辺 AE, BF, CG, DH のいずれか一つの方向を決めると部屋全体の形が確定する．そこで，図 9.13 の細い破線で示すように，視点からそれぞれの部屋の隅へ向かう半直線を伸ばし，その上に実際の部屋の角の位置を決める．まず，F と G に対しては，もとの直方体の角のそれらの位置自身をその場所と決めよう．そして，角 E に対しては，E より遠い点 E′ を一つ選んで固定する．これによって，奥の壁の面が決まり，その面と半直線 PH の交点として，H に対する点 H′ も決まる．このようにして決めた奥の面 E′FGH′ は，F と G を通るから垂直である．最後に，辺 FB に対する実際の辺としても FB 自身を選ぶ．その結果，三つの辺 A′E′, CG, D′H′ も FB に平行となるから，図 9.13

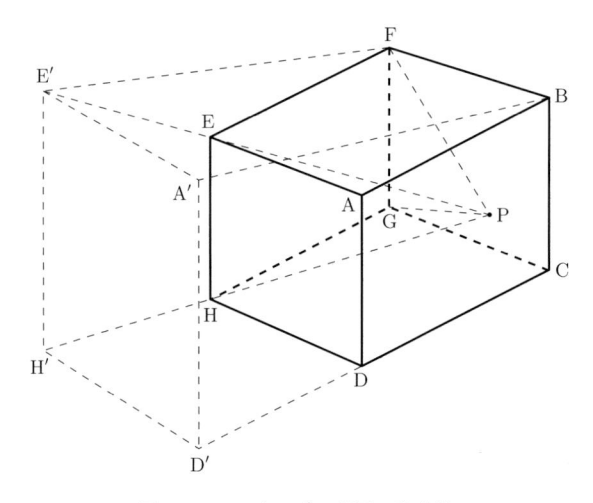

図 **9.13**　エイムズの部屋の設計法．

の細い破線で示すように部屋の形が確定する．これが，エイムズの部屋である．

このようにして作ったエイムズの部屋では，右側の壁 BCGF は，初めに想定した直方体の壁と一致する．しかし，残りの五つの壁は，もとの直方体の壁とは異なる．奥の壁 E′FGH′ は，垂直に立っているが左へ行くほど視点から遠ざかるように斜めの方向を向いている．その結果，天井は右より左の方が高く，床は右より左の方が低い．

このエイムズの部屋の展開図の一例を図 9.14 に示す．この図の寸法の単位は

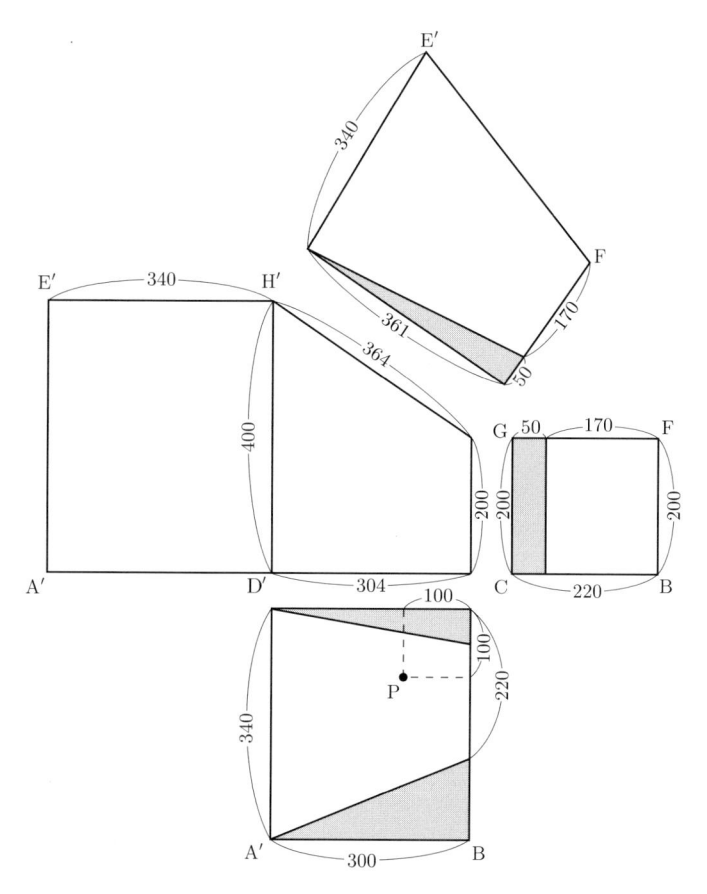

図 **9.14** エイムズの部屋の床と壁の展開図．

センチメートルである．ここでは天井は省略してある．中央が床の面の実形を表し，そのまわりが四つの壁を外側に倒して得られる実形を表す．図の灰色の領域は床下または天井裏に隠れる部分である．したがって，組み立てるときには，床面の右側を少し持ち上げ，右から左へ下る傾斜をつける．

　このようにして作った部屋の奥の左右の隅に二人の人が立つと，部屋は直方体に見えるから，二人は水平な床の上に立ち，しかも手前の壁から同じ距離に立っているという錯覚を見る人に与えることができる．実際には視点から二人までの距離が異なるから，一方が大きく他方が小さく見え，あり得ないことが生じているというイリュージョンを演出することができる．

第10章 両眼立体視とイリュージョン

両眼立体視は，右目で見て得られる投影像と左目で見て得られる投影像の違いから，目の前の立体形状を認識する原理である．したがって，右目用の絵と左目用の絵をそれぞれの目に呈示できれば，人は立体感をもつ．本章では，この方法を利用した立体イリュージョンの作り方について概観しよう．

10.1 ステレオグラム

実際の立体を右目で見て得られる投影像と左目で見て得られる投影像を作り，それらの投影像をそれぞれの目に呈示できれば，人はもとの立体を見ているような錯覚にとらわれる．これによって，立体感を再現できる．この方法で人の目に呈示する右目用の絵と左目用の絵の対は**ステレオグラム** (stereogram) とよばれる．

ステレオグラムの最も素朴なものは，図 10.1 に示すように，左右の像の対をただ並べて呈示するだけのものである．一方を右目で見て，他方を左目で見て，二つの像を心理的に融合させると立体が浮き上がって見える．

ただし，私たちは，普段は対象の注目する点を右目と左目で同時に見ることに慣れているため，左右の目で違う場所を見るためには少し訓練がいる．これを助けるために，図 10.1 では，左右の図の対の上に P と Q で示す黒点も描いた．それぞれの目で P と Q を見たとき，それらが重なるように視線方向を調整すれば，立体視ができる．

このステレオグラムには 2 種類の見方がある．右の図を右目で見て，左の図

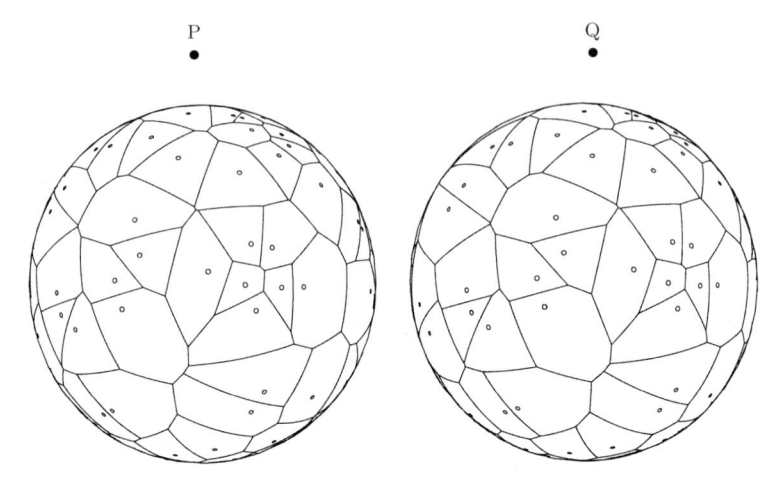

図 10.1 ステレオグラム.

を左目で見る見方を**順視** (direct view) といい,右の図を左目で見て,左の図を右目で見る見方を**逆視** (inverse view) あるいは**交差視** (cross view) という.この二つの見方の違いを図 10.2 に模式的に示した.この図では場面を上から見下ろした状況が描かれており,E_l, E_r が視点,P, Q は図 10.1 と同じ点である.

順視は,図 10.2(a) に示すように,左目で P を見て右目で Q を見て融合させる.そのため,P と Q はステレオグラムが置かれている平面より遠くの点 R で融合される.したがって,ステレオグラムが置かれている平面より遠くを見る

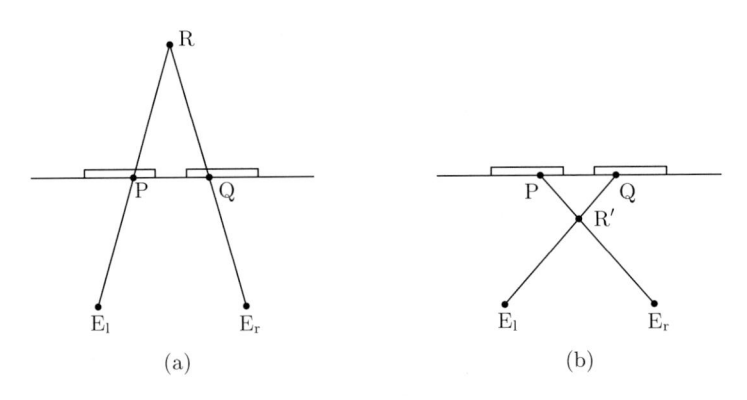

図 **10.2** 順視と逆視.

感じで絵を眺めることになる．この見方をするためには，ステレオグラムが描かれている紙面があたかも透明であるかのように，その紙面の裏側の1点Rを注視しなければならない．

一方，逆視の見方では，図10.2(b)に示すように，左目で点Qを見て，右目で点Pを見る．その結果，ステレオグラムが置かれている平面より手前の点R′で像が融合される．この見方をするためには，紙面より手前に何か物があるかのような感じで1点R′を注視しなければならない．しかし，これはそれほど難しいことではない．自分の目と紙面の間に人差し指を立て，その先端を見たとき，左目で見た指の奥にQが見えて，右目で見た指の奥にPが見えるように指先の位置を調整する．その位置が決まったら，目はその場所を注視したまま，指をそっと取り除く．そうすると左右の像が逆順で融合した立体の姿が浮かび上がる．

空間の1点を注視したとき，左目からの視線と右目からの視線が注視点でなす角は，**輻湊角** (convergence angle) とよばれる．注視点が視点に近いほど輻湊角は大きく，視点から離れるに従って輻湊角は小さくなる．図10.2からわかるように，順視の方が逆視より輻湊角は小さくなるから，順視で浮かび上がる立体像は，逆視の場合より遠くに見えることになる．

さらに，順視と逆視では，どこが視点の方へ出っ張ってどこが引っ込むのかが逆になる．これは，左右像で同一の点を融合させたときの輻湊角は，順視で大きいものほど逆視では小さくなるからである．図10.1のステレオグラムは球面とその上の模様を描いたものであるが，逆視で見たときには，その球面が手前にふくらんで見え，順視で見たときには奥に引っ込んだ球面を裏側から見た状況となる．

10.2 ランダムドットステレオグラム

前節で示したステレオグラムの例では，一つの立体を右目と左目で見て得られる投影像をそのまま並べて呈示した．その場合は，左右のそれぞれの像が立体を表した絵であるから，それらを融合しなくても，絵からそこに描かれている立体が何であるかがある程度はわかる．

一方，立体とは無関係なパターンを左右の図として用いるステレオグラムも成

立する．たとえば，ランダムなドットパターンを用いることもできる．そのようなステレオグラムは，**ランダムドットステレオグラム** (random dot stereogram) とよばれる．

ランダムドットステレオグラムの一例を図 10.3 に示す．これを順視で見ると，正方形の面の中央の小さな図形がまわりより手前に出っ張って見える．逆視で見ると，反対に，中央の小さな図形がまわりより引っ込んで見える．

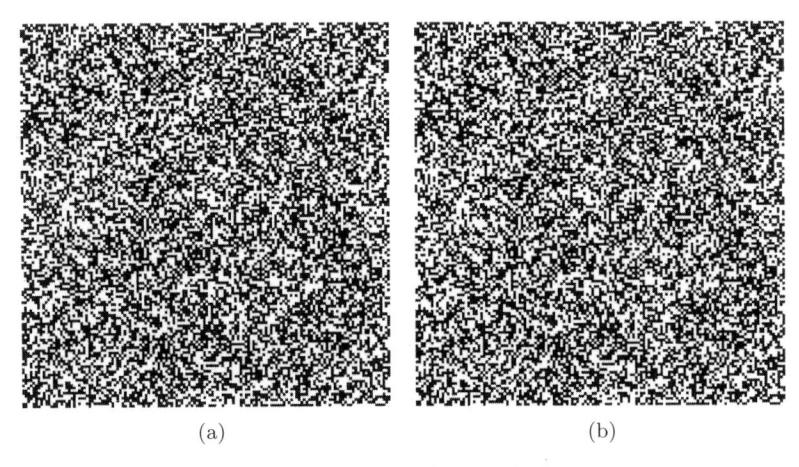

(a)　　　　　　　　　　(b)

図 **10.3**　ランダムドットステレオグラム．

この図は，次のようにして作った．まず，正方形領域を水平・垂直の等間隔な平行線によって小正方形に分割する．次に，それぞれの小正方形をランダムに白または黒で塗る．このようにしてできたドットパターンが，図 10.3(a) である．

次に，このパターンの中央に，まわりより浮き上がらせたい図形領域を指定し，図 10.4 に示すように，その図形の領域のドットパターンを切り出して，左へ少しずらして置く．そして，もとのパターンと重なった部分は，ずらした図形のパターンに置き換える．ずらしたあとに，空白の領域が残るが，最後に，そこには，新たにランダムに白と黒を塗り分けたパターンを埋める．このようにして作った第二のパターンが図 10.3(b) である．

このようにして作った図形の対は，逆視で見ると，中央部分の輻輳角は，周

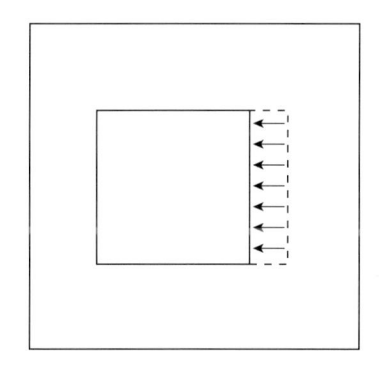

図 10.4 図 10.3 のランダムドットステレオグラムの作り方.

辺部分の輻輳角より小さくなり，したがって中央部分の方が周辺より遠くにあると知覚される．一方，この図形の対を順視で見ると，逆に中央部分の輻輳角は周辺部分より大きくなり，したがって，中央部分が周辺部分より手前にあるという印象を与えることができる.

この場合には，左右の画像をそれぞれ単独で眺めただけでは，立体の形に関する情報は全くなく，画像の対を心理的に融合したときはじめて立体の形が浮かび上がる．したがって，これは純粋に両眼立体視の原理のみを使った立体呈示方法であるということができる.

ところで中央部分を左へ平行移動するという作り方は，中央部分が周辺とは別の距離をもつ平面であるというタイプの立体にしか通用しない．曲面をも含む一般の立体形状を表現するためにはどうしたらよいであろうか.

そのための一つの方法は，表現したい立体の表面に，その立体の形状とは無関係なパターンを与え，それを左右の視点から見た投影図の対を作ればよい．したがって，原理的には，どのような立体の形も，ランダムドットステレオグラムで表示できるはずである.

10.3 立体視支援装置

素朴なステレオグラムは，左右の画像の対を紙面に並べたものである．それをそれぞれの目で見て心理的に融合するためには，その紙面より手前あるいは奥

に輻輳を合わせなければならないため，ある程度の訓練が必要である．このような訓練をしないでも，より自然な形で，両眼立体視ができたらよいであろう．自然な立体視を妨げている主な要因は，単純なステレオグラムでは，右の目にも左の目にも2枚の画像が見えているため，それぞれの目で異なる画像を見るための努力をしなければならないことである．それぞれの目に一つの画像が呈示されるならば，もっと見やすいはずである．この状況を作るための支援装置も考えられている．次に，その代表的なものを紹介しよう（グレゴリー 2001）．

その第一は，鏡を組み合わせて光路を変更することによって，紙面に輻輳を合わせられるようにする装置である．その最も簡単な装置を図 10.5 に示す．この装置の中央には，正面に向かって左右の方向へそれぞれ 45 度に傾いた垂直な2枚の鏡があり，その左右にはそれぞれの目で見るための画像を固定する板が立てられている．左の板に左目用の画像を貼り，右の板に右目用の画像を貼る．観察者は中央の2枚の鏡に顔を近づけて，右目では右を向いた鏡を見，左目では左を向いた鏡を見る．そうすると，それぞれの目には1枚の画像のみが呈示されるため，立体視が容易になる．この装置は，物理学者チャールズ・ホイートストン卿 (1802–1875) が考え出したもので，ホイートストンの立体鏡とよばれている．ただし，この装置で見た画像は，鏡によって反転されているから，あらかじめ立体視をしたい2枚の画像は裏返しに作っておいて左右の板に貼らなければならない．

図 10.6 は，ホイートストンの立体鏡を少し進化させた装置である．この装置では，左右の目でのぞき込むための二つの穴がある．一方の画像 A を2枚

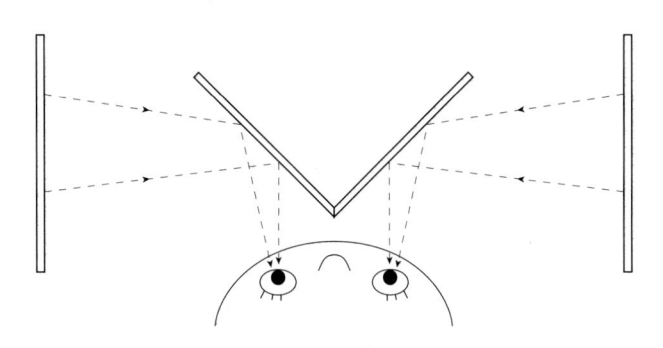

図 **10.5** ホイートストン卿の立体鏡．

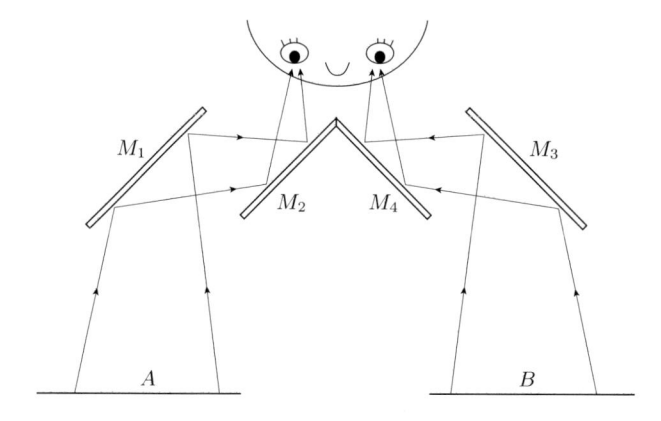

図 10.6 立体視装置.

の鏡 M_1, M_2 で反射させて，一方の目に送り，もう一方の画像 B を 2 枚の鏡 M_3, M_4 で反射させてもう一方の目に送る．その結果，これを見る人は，ちょうど紙面に輻輳が合った形で 2 枚の画像をそれぞれの目で見ることができる．したがって，立体視が非常に容易になる．ホイートストンの立体鏡と異なり，この装置では，机の上に置いた画像を直接のぞき込むことができる．さらに，それぞれの画像は 2 枚の鏡によって反射してから目に届くから，反転が打ち消される．したがって，画像を裏返しに作っておく必要はない．

　立体視を支援する第二の装置は，図 10.7 に示すように，左右の画像対を二つの異なる色で紙面に重ねて印刷し，それぞれの色だけを通すフィルターを通して左右の目で異なる色を見るようにした装置である．たとえば，左右の画像の対を，一方は青で，もう一方は赤で印刷し，赤のセロファンと青のセロファンをそれぞれの目の位置に取り付けた眼鏡をかけて見ることによって，この方法が実現できる．これは，比較的簡単な装置で作れるので，子供用の雑誌の付録などにも使われている．左右の画像を紙面の同じ場所に重ねて置けるため，見る人は紙面を注視すればよく，自然な立体視ができる．

　立体視を支援する第三の方法は，図 10.8 に示すように，一つのスクリーンに左右の画像を短い時間間隔で切り替えながら交互に表示し，その時間間隔に同期した電子シャッターを取り付けた眼鏡を通して見る方法である．図 10.8(a) に示すように，ある瞬間にはスクリーンに右目用の画像を呈示し，そのときには，

142 第10章 両眼立体視とイリュージョン

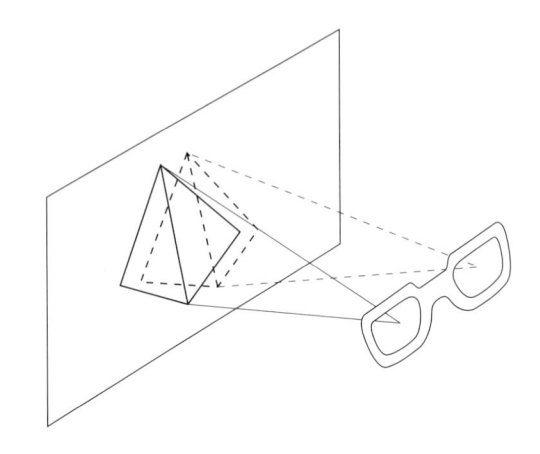

図 10.7 色フィルターを通して見る方法.

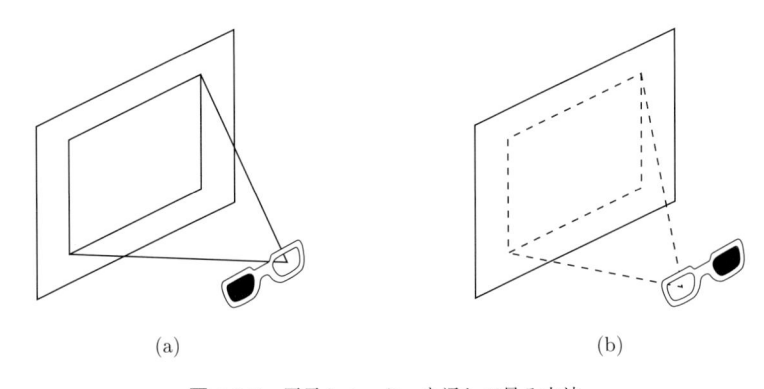

(a) (b)

図 10.8 電子シャッターを通して見る方法.

眼鏡の左目のシャッターは閉じて右目のシャッターを開く．次の瞬間には，同図の (b) に示すように，スクリーンに左目用の画像を呈示し，それに合わせて眼鏡の右目のシャッターは閉じて左目のシャッターを開く．切り替える時間間隔が短ければ，目の残像効果によって，見る人には両方の画像が同時に見えているという印象を与えることができる．高速にシャッターを開閉するためには，液晶シャッターなどを利用すればよい．

　余談であるが，右目と左目の網膜像を取り替えるというトリッキーな装置も作られている．これは，図 10.9 に示す装置で，**擬似スコープ** (pseudo scope)

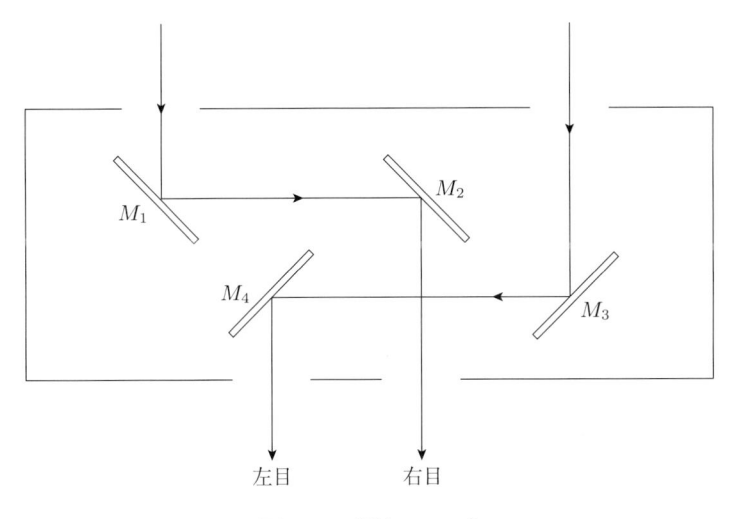

図 **10.9** 擬似スコープ.

とよばれている．この装置は，立体視用の画像対を見るためのものではなくて，外の世界をそのまま直接見るための装置である．図のように本来なら左目に入るはずの外からの光が，鏡 M_1 と M_2 で反射して右目に届く．一方，右目に入るはずの外からの光は，鏡 M_3 と M_4 で反射して，左目に届く．その結果，遠近が逆転する．より近いものはより遠くに見える．出っ張っているものは引っ込んでいるように見える．逆に引っ込んでいるものは出っ張って見える．

10.4　1枚の絵によるステレオグラム

今までは，右目用の画像と左目用の画像の2枚を用意し，それらをそれぞれの目へ呈示するという形のステレオグラムについて見てきた．しかし，実は画像は必ずしも右目用と左目用の2枚を作る必要はない．左右兼用の1枚の画像だけで両眼立体視を実現することができる．この方法は一時「3D」という名称で流行し，そのような画像の例をたくさん集めた本も出版されたことがある（養老，ほか 1993）．このように1枚の絵だけで作られたステレオグラムを，ここでは単像ステレオグラムとよぶことにしよう．本節では，この単像ステレオグラムの作り方を考えよう．

図 10.10 に示すように，右目の位置 E_r，左目の位置 E_l をちょうど人の左右の目の間隔ぐらい離して固定する．そして，その前に紙面を置いて固定する．2 点 E_r, E_l を通る一つの平面 π と紙面との交線を AA' とし，平面 π と実際に表現したい立体の表面との交線を X とする．図 10.10 には，点 E_r, E_l，直線 AA'，曲線 X を上から見下ろした状況を模式的に示した．

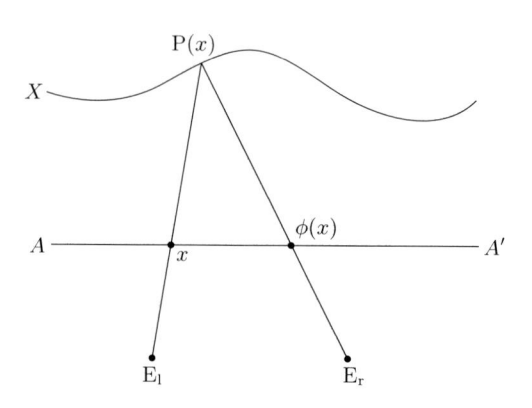

図 10.10 1 枚の絵によるステレオグラム．

立体の形状 X が両眼立体視で知覚できるような図形パターンを，直線 AA' 上に作ることがここでの目的である．

直線 AA' 上に x 座標をとる．それぞれの点 x における図形パターンの色を $f(x)$ で表す．$f(x)$ の値を決めることができれば，目的を達成したことになる．

簡単のために，X は連続な曲線で，かつ X 上のすべての点が E_r からも E_l からも見えると仮定する．すなわち曲線 X は凹凸がそれほど激しくはなく，後ろ側へ回り込んで視点から隠されてしまう部分はないという意味である．X 上の各点 P に対して，E_r を投影中心とするその点の投影像を $I_r(P)$ とし，E_l を投影中心とするその点の投影像を $I_l(P)$ とする．P が X 上を左から右へ動くとき，P の二つの投影像 $I_r(P)$，$I_l(P)$ も x 軸上を左から右へ単調に動く．

今，x 軸上の区間 $[a,b]$ に着目し，その中の各点 $x \in [a,b]$ に対して画像の値 $f(x)$ を決定する方法を考える．図 10.10 に示すように，任意の $x \in [a,b]$ に対して，左目で見たとき x に投影像を作る X 上の点を $P(x)$ とし，点 $P(x)$ を右目で見たとき得られる投影像を $\phi(x)$ とする．すなわち，$x = I_l(P(x)), \phi(x) = I_r(P(x))$

である. $\phi(x)$ を, 点 x のステレオ対点とよぶ. $\phi(x)$ の逆関数を $\phi^{-1}(x)$ で表す.

図 10.11 に示すように, まず, 区間の左端の点 a と, a のステレオ対点 $\phi(a)$ で挟まれた区間 $[a, \phi(a))$ に属す点 x' に対しては勝手な値 $f(x)$ を選んで固定する. この区間の $f(x)$ の値は立体 X とは無関係な色パターンでかまわない. ランダムな模様を生成してもよいし, 何らかの画像からとったパターンを貼り付けてもよい.

次に区間 $[\phi(a), \phi(\phi(a)))$ を考える. この区間の点 x に対しては, $x = \phi(x')$ となる点 $x' \in [a, \phi(a))$ が存在する. そこで, $f(x)$ は, $f(x')$ と同じ値にする. $x' = \phi^{-1}(x)$ であるから, これはすなわち

$$f(x) = f(\phi^{-1}(x)), \quad x \in [\phi(a), \phi(\phi(a))) \tag{10.1}$$

と置くことである. これは, 図 10.11 に示すように, 区間 $[a, \phi(a))$ の画像パターン $f(x)$ を, 曲線 X の形に応じて局所的に伸び縮みさせながら, 隣りの区間 $[\phi(a), \phi(\phi(a)))$ へコピーする操作である.

次に, 区間 $[\phi(\phi(a)), \phi(\phi(\phi(a))))$ の点 x に対して, $x = \phi(x')$ となる点 $x' = \phi^{-1}(x) \in [\phi(a), \phi(\phi(a)))$ が存在するから, その点 x' の色と同じ値にする. すなわち, $f(x) = f(\phi^{-1}(x))$ とおく. つまり, 一つ前の区間 $[\phi(a), \phi(\phi(a)))$ の色パターンを, 同じように, 曲線 X の形に応じて局所的に伸び縮みさせなが

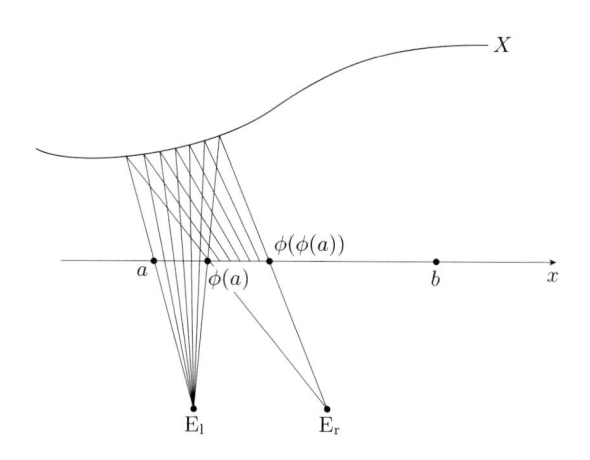

図 10.11 $f(x)$ の決め方.

らコピーする．

この操作を，区間の右端に達するまでくり返す．このことを一般的に表すために $\phi(\phi(x)) = \phi^2(x), \phi(\phi(\phi(x))) = \phi^3(x)$ など，x に ϕ を k 回ほどこした結果を $\phi^k(x)$ と書くことにする．このとき，上の操作は次のように言い換えることができる．まず区間 $[a, \phi(a))$ に属する点 x に対しては $f(x)$ を任意に決め，次に

$$f(\phi(x)) = f(x), \quad x \in [a, \phi(a)) \tag{10.2}$$

とおくことによって区間 $[\phi(a), \phi^2(a))$ での値を定め，次に

$$f(\phi^2(x)) = f(x), \quad x \in [a, \phi(a)) \tag{10.3}$$

とおくことによって区間 $[\phi^2(a), \phi^3(a))$ での値を定めるということをくり返す．一般に

$$f(\phi^k(x)) = f(x), \quad x \in [a, \phi(a)) \tag{10.4}$$

とおくことによって，区間 $[a, \phi(a))$ のパターンの k 回目のコピーを区間 $[\phi^k(a), \phi^{k+1}(a))$ に作る．

このようにしてできたパターンの隣り合うコピーの対はステレオ画像対と同じ働きをする．この対を，順視によって左右の目で見ると，立体 X が浮かび上がる．

この方法で作ったステレオグラムの一例を図 10.12 に示す．ここでは，$f(x)$ としては，まず区間 $[a, \phi(a))$ において，ほとんどの場所では白の値をもち，ランダムに描いた曲線が横切るところだけで黒の値をもつパターンを生成し，あとはそれをコピーして作った．図の上にある点 P と Q は，図 10.1 と同様に左右の像を融合させるための目標点である．

このようなランダムな曲線パターンを使うと，複数の曲面が重なった立体パターンも作ることができる．図 10.13 には，この性質を利用して，2 種類の異なる距離にある曲面が重ね合わされた立体のステレオグラムを作った結果を示す．うまく立体視ができると，手前で波打つ曲面と，奥で波打つ曲面の 2 種類の曲面が重なって見えてくるはずである．

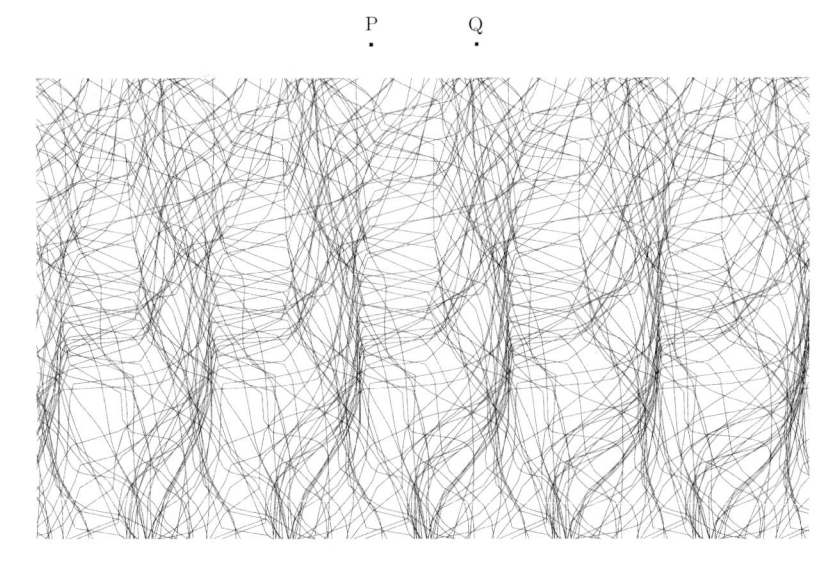

10.4 1枚の絵によるステレオグラム　　147

P　　　Q

図 **10.12**　ランダム曲線で作った単像ステレオグラム．

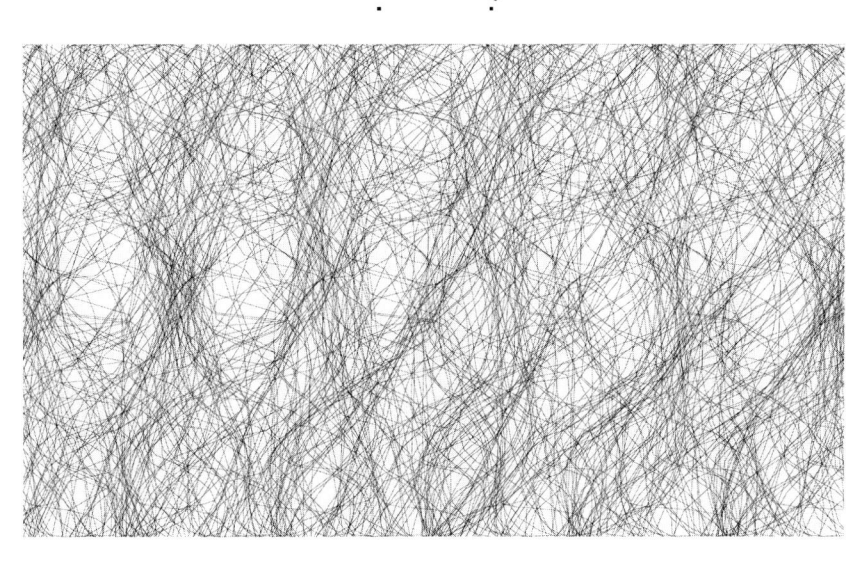

P　　　Q

図 **10.13**　異なる 2 種類の曲面を重ね合わせた単像ステレオグラム．

第11章 運動立体視とイリュージョン

視点が立体に対して相対的に動くと，投影面にはオプティカルフローとよばれる速度場が生じ，それを手がかりとして立体を知覚することができる．これが運動立体視である．本章では，この手がかりが知覚をあざむくことによって生じるイリュージョンについて見ていこう．

11.1 オプティカルフローの不確定性

視点の運動によって投影像も動く．このとき，立体表面の各点の投影像上での動きが追跡できれば，正しい速度場が得られる．しかし，現実の投影像では，必ずしも点を追跡できるとは限らない．立体の模様のない面では特徴をもった点が存在しないから速度場の情報は全く得られない．また，立体の特徴が点ではなく線のこともある．その場合には，速度場について部分的な情報が得られるだけである．

速度場の情報が不十分なときには，人はそれを推測で補って完全なものにしようとする．このとき，推測を誤ると，実際とは異なるものを見てしまうことになる．その典型例は，床屋さんのシンボルマークとなっている螺旋の動きである．

図 11.1(a) に示すように，円柱の側面に斜めに走る帯が描かれていて，これが円柱の軸のまわりに回転しているとする．床屋さんのシンボルマークでは，同図の (b) に示すように，この円柱の上端と下端が円柱より少し大きめのカバーで隠されていて，そのカバーは静止し，円柱だけが軸のまわりを回転している．

150   第 11 章   運動立体視とイリュージョン

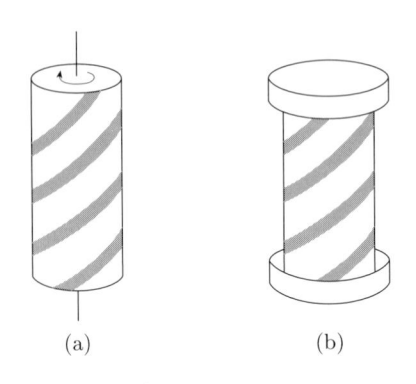

図 **11.1**   床屋さんのシンボルマーク.

これを横から見た人にとって，帯の模様は実際には水平方向へ動いているはずである．しかし，そうは見えない．帯が，実際の動きとは直交する上方へ登っていくように見える．下端のカバーの奥から新しい帯が次々と生成され，それが滑らかに上へ登って行って，最後に上端のカバーの中へ吸い込まれて消えるという生成と消滅が永久にくり返されているかのように見える．

　この現象の原因は，動くパターンの特徴が点ではなくて線であるために，オプティカルフローを正しく抽出できないことにある．図 11.2(a) に示すように 1 本の線の投影像が L の位置から L' の位置へ動いたとしよう．このとき，L 上の 1 点 P が L' 上のどこへ動いたかという情報は得られない．図の矢印で示すように多くの可能性が考えられる．このうちどれが真の動きなのかは，線の上に特徴となる点がなければ知ることはできない．

　一方，この動く線が無限に伸びた直線ではなく，両端のある線分であったとしよう．このときには，端点が特徴点となりその動きは一意に追跡できる．したがって，図 11.2(b) に示すように，両端点の投影面上での速度ベクトルが確定し，それを補間する形で線分の途中の点の動きも一意に知覚される．その結果，線分上のすべての点でのオプティカルフローが求められる．

　以上のことを念頭において，床屋さんのシンボルマークを見直してみよう．この場合は，帯の端点は実際には見えていない．しかし，その代わりに，帯の模様が円柱の裏側へ回り込んでいるために，円柱の左右両側のシルエットの線上に帯の端点があるかのように見える．人の目は，回転している円柱を見たとき，

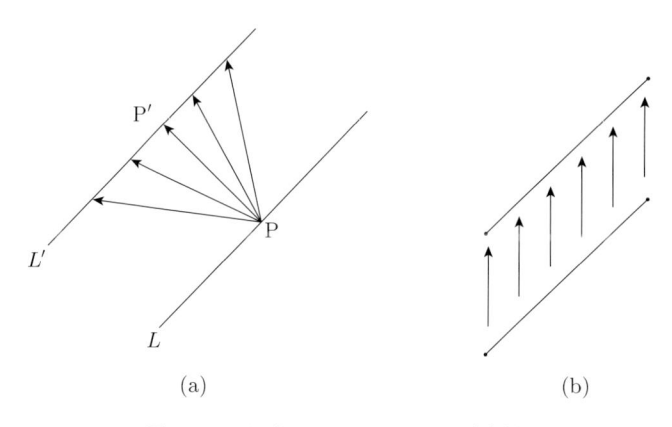

図 11.2 オプティカルフローの不確定性.

無意識のうちにこれを帯の端点と解釈して追跡するのであろう．これらの点は，ちょうど図 11.2(b) に示したように上へ移動するから，その動きから内部の動きも補間することによって，帯の模様が全体として上方へ滑らかに動いていると勘違いするのであろう．これが，床屋さんのシンボルマークが作り出す錯覚の正体である．

このことから，線の両端に代わるものが作れれば，単純な動きを望みの複雑な動きと勘違いさせることができる．その仕掛けの一例を図 11.3 に示す．この図に示すように一定の幅の布を環状につないで，左右に立てた二つの回転ロー

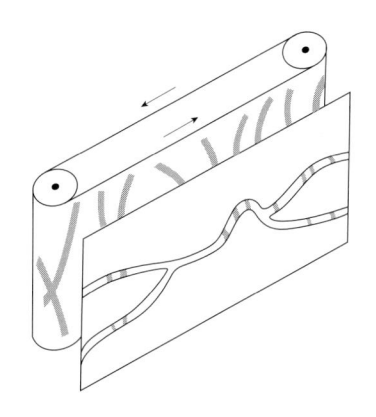

図 11.3 単純な動きを複雑な動きに見せかける仕掛け．

ラーにかけてピンと張って，ローラーを回転させる．これによって布の上に描かれたパターンは平行に移動する．この布には，縦方向に走る何本かの帯の模様を描いておく．

次に，この布の手前に細い溝を切り抜いた不透明な衝立を置く．この衝立の溝を通して布の動きを見た人には，布の模様の線が溝の境界上に端点のある線分として知覚され，その結果，その端点の動きがオプティカルフローとして認識されて，溝に沿って模様がうねりながら複雑な動きをしているように見える．

では，線の動きはわかるが，その上の点の動きはわからないときに，人はその線の動きをどのように解釈するであろうか．最もすなおな解釈の一つは，直線上の1点が，動いたあとの直線上の最も近い点へ動いたとみなすものである．すなわち線は，その線に垂直に移動したという解釈である．この解釈に従えば，図 11.2(a) の点 P は直線に垂直な方向の点 P′ に対応するとみなされる．そうなれば，帯の線が法線方向に動いていると知覚することになる．実際，図 11.4 に示すように，床屋さんのマークを円形の窓を通して見ると，帯がそれに垂直な方向へ移動しているように見える．

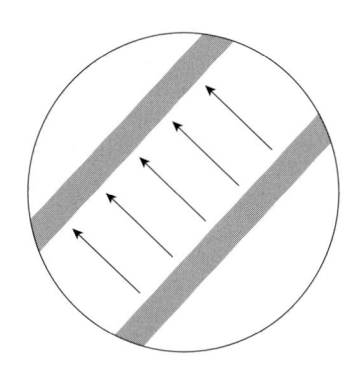

図 11.4 床屋さんのシンボルマークを円形の窓を通して見たところ．

11.2 ストロボスコープ

動いているものを，連続して眺めるのではなく，飛び飛びの時刻に間欠的に眺めると，実際の動きとは異なる動きが知覚されることがある．

19世紀のことであるが，英国のテームズトンネルの工事の作業場で，技術者ブルネルが不思議な現象を見つけた．それは，図 11.5 に示すように，回転する歯車 A の歯と歯の間から遠くにあるもう一つの回転する歯車 B を見たとき，それが止まっているかのように見えたというものである．これを，知り合いであった科学者マイケル・ファラデーに話したところ，ファラデーも興味をもって，この現象を調べた．そして，これがのちに映画の原理としても応用されるようになった．

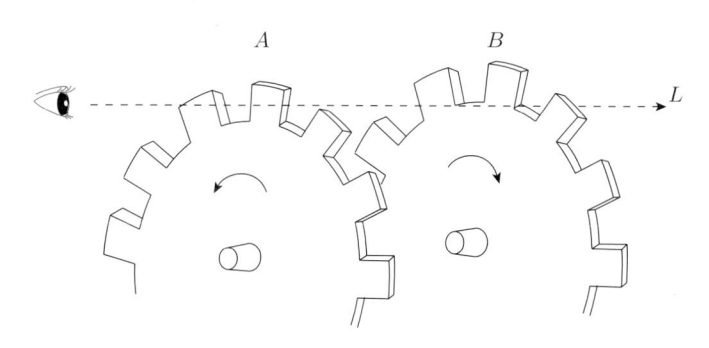

図 **11.5**　歯車の歯の間から見たもう一つの歯車．

　図 11.5 の歯車の状況をもう少し詳しく見てみよう．今，A と B の歯車は回転の軸が互いに平行で，同じ間隔で歯が並び，それが同じ速さで逆向きに回転しているとしよう．手前の歯車の歯と歯の間を通して向こう側を見ようとするときの視線方向を v とする．v に平行な一つの直線 L が A の一つの歯と B の一つの歯の両方と交点をもっていたのが，ある時刻 t_0 において，両方の歯から同時に離れて，どちらの歯とも交点をもたず，両方の歯車の隙間を通して遠くが見通せる状態になったとしよう．すなわち，視線 L を遮っていた二つの歯が反対方向に動いていって，時刻 t_0 で，同時に視線を遮るのが終わったとする．しかし，一瞬ののちには，次の歯が移動してきて再び視線を遮るであろう．でも，両方の歯車の歯は同じ速さで動いているから，ある時間間隔 Δt ののちには同じことが起こる．すなわち，周期 Δt で，二つの歯車のどちらにも遮られないで遠くが見通せる瞬間がくり返し訪れる．これを見た人にとっては，手前の歯車 A の回転はよく見えるであろうから，奥の歯車 B が止まっているように感じるのであろう．

このように，運動している対象を間欠的に観察すると，実際の動きとは異なる動きが知覚されることがある．この現象をもっと自由に起こさせるためには周期的に発光するストロボを使えばよい．すなわち，暗い場所で動いている対象に，ある周期でストロボをたいて照明すると，照明された一瞬だけ対象をみることができる．このような照明環境を備えた観察システムはストロボスコープとよばれる．

対象が，周波数 f_1 の周期的な動きをしているとしよう．すなわち，毎秒 f_1 回の割合で同じ動きをしているとする．これに周波数 f_2 のストロボ照明を当てて観察したとしよう．このとき，目に見える動きを計算してみよう．

今，一つの視線を固定する．対象が明るく照明されているとき，その方向から目に届く明るさの時間変化 $F(t)$ を

$$F(t) = A\sin(2\pi f_1 t) \tag{11.1}$$

とする．ただし，A は定数である．一般に対象の表面は複雑な明るさの濃淡分布をもっているであろうから，それが動いたとき目に届く明るさの変化も複雑である．しかし，今は明るさの変化の周期に注目したいので，ここでは，同じ周期をもつ最も簡単な明るさの変化という意味で正弦関数を仮定したのである．

一方，まわりを暗くして周波数 f_2 でストロボをたくと，その瞬間だけ照明が当たることになるから，照明の明るさの時間変化は f_2 の周波数をもつ．ストロボは非常に短い時間だけ光を出す光源だから，それによる照明の明るさの時間変化を表そうとしたらディラックのデルタ関数を使うのが適切であろう．しかし，ここでは，ストロボで照明された結果生じる見かけの動きの周波数だけを問題にしたいので，簡単のために次のような近似的状況を考える．ストロボ光の発光性能が悪いために，鋭く立ち上がる明るさの変化が実現できなくて，照明は連続に変化して明るくなったり暗くなったりするものだと仮定する．そして，その明るさの変化 $G(t)$ は

$$G(t) = B\sin(2\pi f_2 t) \tag{11.2}$$

で表されるものとする．ただし B は定数である．

このとき，実際に目に届く対象の明るさの変化 $H(t)$ は

$$H(t) = F(t)G(t) = C\sin(2\pi f_1 t)\sin(2\pi f_2 t) \tag{11.3}$$

となるであろう．C は，対象表面の反射率などで決まる定数である．

ここで，正弦関数の積を和になおす公式 $\sin x \sin y = -\frac{1}{2}(\cos(x+y) + \cos(x-y))$ を利用すると，式 (11.3) は

$$H(t) = -\frac{C}{2}\left(\cos(2\pi(f_1+f_2)t) + \cos(2\pi(f_1-f_2)t)\right) \qquad (11.4)$$

と書ける．この式の右辺の第 1 項は周波数 f_1+f_2 の周期関数で，第 2 項は周波数 f_1-f_2 の周期関数である．したがって，周波数 f_1 で動いているものに周波数 f_2 の照明を当てると，周波数 f_1+f_2 と周波数 f_1-f_2 の動きが現れる．

周波数 f_1 と f_2 の動きがともに目には見えないくらいに速いときには f_1+f_2 の周波数をもつ動きもやはり目には見えないであろう．一方，f_1 と f_2 の値が近ければ，f_1-f_2 は小さな値になるから，その周波数の動きは目に見えてくる．これは，音の世界でうなりとよばれているものと同じ現象である．特に，f_1 と f_2 が全く等しい場合には周波数が $f_1-f_2=0$ の動きが見える．すなわち，対象が静止して見える．上に示した歯車の状況は，そのような場合である．

プロペラやタービンが静止した状態から回り出し，次第に回転スピードを上げていくシーンを映画で見ると，同様のうなりを観察することができる．最初は，プロペラはゆっくり動き，本当の動きを目で追うことができる．その回転はだんだん速くなるが，その後ゆっくりになっていき，回転が一瞬の間止まったあと，今度はゆっくりと逆に回転し始める．その回転は，速くなったあと，またゆっくりになり，静止し，また回転の向きが逆になる．この現象は，隣り合うプロペラの羽根が視界を通過する周波数と，映画のフィルムのコマ送りの周波数とがうなりを起こすために生じる．コマ送りの周波数は一定で，これがストロボの発光に対応する．一方，プロペラの回転は次第に速くなっていくため，プロペラの隣り合う羽根の通過周波数はどんどん大きくなっていく．これが，コマ送りの周波数と一致した瞬間が，初めてプロペラが止まって見えるときである．次に，羽根の通過周波数がコマ送りの周波数の 2 倍になったとき止まって見え，3 倍になったとき，また止まって見えるわけである．プロペラの羽根の通過周波数を f_1 とし，コマ送りの周波数を f_2 とすると，f_1 と f_2 の値が等しくなる前後で f_1-f_2 の符号が変わる．回転の向きが反転するのは，この符号の変化のためである．

このような光によるうなりの現象は，回転体の回転速度を測るのにも利用で

きる．回転している円板の周に沿って等間隔の刻みをつけておく．これが回転するときには，速すぎて刻みを目で見ることはできない．そこに周期的な照明を当てる．

そのためには，たとえば家庭用の交流が利用できる．この交流は60Hzまたは50Hzの周波数をもつから，電圧応答の速い照明器具を使えば，その周波数で照明をつけたり消したりできる．通常の白熱電球は交流の周波数に追随する応答の速さはもっていないから交流でつけても発光しっぱなしになる．一方，蛍光管などは応答が速いから，交流の周波数でついたり消えたりする．この点滅自身は速すぎて人の目にはわからない．

そのような周期的な照明の周波数が，回転板の円周につけた刻みの動きの周波数に近いときには，光のうなりの効果によって，刻みがゆっくり動くように見える．このうなりの周波数 $f_1 - f_2$ と照明の周波数 f_2 から，対象の動きの周波数 f_1 を計算することができる．これがストロボスコープを利用した回転速度の計測法である．また，たとえば刻みが静止して見えるように回転速度を変更することができれば，回転数を交流の周波数に合わせて調整できる．この機能は，今ではほとんど見かけなくなったが，LPとよばれるレコードを再生するレコードプレーヤーの回転数の調整などに使われていた．

暗いところで連続に動く対象を周期的にストロボで照明して観察するということは，その対象の少しずつ異なる絵をストロボの間隔に合わせて取り替えて呈示されたものを観察することと等価である．これを利用したおもちゃの一つがパラパラ漫画である．これは，動くものをある時間間隔で離散的に観察して得られる絵の列を作り，それをパラパラと本のページをめくるように次々に見せることによって，人の目に動きを知覚させるものである．子供のころに，本の付録などについてきたパラパラ漫画で遊んだり，ノートの隅に絵を描いて自作のパラパラ漫画で遊んだりした読者も少なくないであろう．

映画やテレビも同じ原理である．ある時間間隔で静止画像の列を次々とスクリーンに呈示することによって，人の目に動きを知覚させるわけである．毎秒20コマぐらいの周波数で画像を取り替えれば人の目には十分に滑らかな動きに映る．

パラパラ漫画と同じ原理を，3次元の立体に対して適用することもできる．その仕組みの一例を，図11.6に示す．表現したい動きに沿って少しずつ変形させ

た人形の列を回転台の上に等間隔に並べて取り付ける．そして，その回転台を薄暗い環境で回転させて，同じ場所へ隣りの人形が移る時間間隔に合わせてストロボを発光させる．そうすると，その人形が，パラパラ漫画のように動くであろう．これをもっと効果的に行うために，回転台の動きを連続な回転ではなく，隣り合う人形の間隔だけ動いて止まるということをくり返す間欠的な動きにするとよい．ステップモータの技術を用いてこれを実現した3次元版パラパラ漫画も作られている．

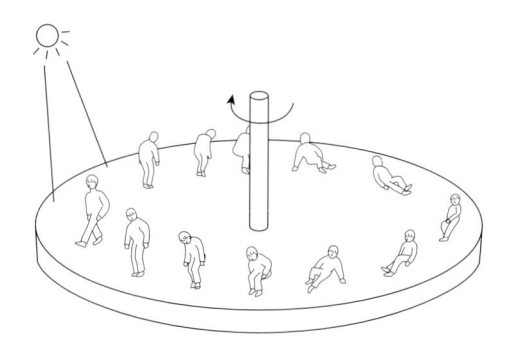

図 11.6　3次元版パラパラ漫画．

第12章

鏡のマジック

　光は直進する．しかし，鏡を使うと，その光の進路を曲げることができる．その結果，実際とは別の方向から光が届いているように見せることができる．これもイリュージョンの源泉である．ここでは，その代表的なものを見ていこう．

12.1　透明イリュージョン

　鏡は光の進路を変える．この性質を利用すると，不透明な壁の向こう側が透けて見え，そこに壁などないかのような錯覚を起こさせることができる．この仕掛けの一例を図 12.1 に示す．

　互いに平行で向き合った一対の鏡 M_1, M_2 と，それらと直角で互いに向き合ったもう一対の鏡 M_3, M_4 を，この図のように配置する．すなわち，M_1 と M_2

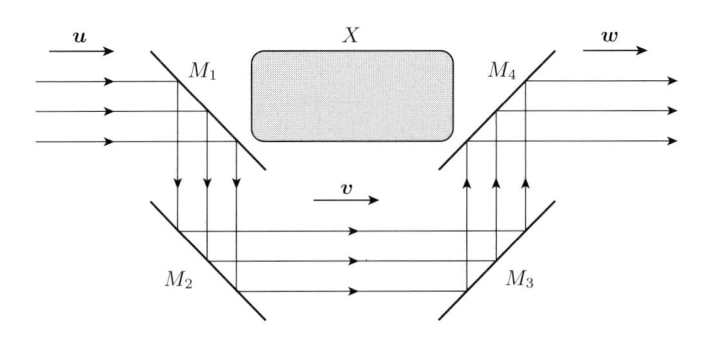

図 **12.1**　光線が壁を透過する仕掛け．

が平行，M_2 と M_3 が直角，M_3 と M_4 が平行で，これらは互いに向き合っている．さらに，M_1 と M_2 の距離と，M_3 と M_4 の距離を等しくする．

このような鏡の仕掛けに，左から平行光線が入ってきたとしよう．そして，その光線に平行な単位ベクトルを u とする．この光が鏡 M_1 で反射し，次に鏡 M_2 で反射したあとの光線方向を表す単位ベクトルを v とする．さらに，その後，鏡 M_3 で反射し，最後に鏡 M_4 で反射したあとの光線方向を表す単位ベクトルを w とする．

まず簡単のために，u が紙面に平行で，かつ鏡面 M_1 の法線ベクトルと 45 度の角度をなす場合を考える．このとき，光線は M_1 で直角に向きを変え，次に M_2 でもう一度直角に向きを変える．したがって，u と v は平行である．そのあと，同様に鏡 M_3 と鏡 M_4 でそれぞれ直角に向きを変えるから，v と w も平行である．その結果，この仕掛けから出ていく光の方向 w は，入射光の方向 u と平行となる．さらに，M_1 と M_2 の距離が M_3 と M_4 の距離に等しいため，入ってくる光線と出ていく光線は同じ直線上に並ぶ．

したがって，鏡 M_4 を出た光を見た人は，そこに鏡があることを知らなければ，左から入ってきた光がそのまままっすぐに進んで目に届いていると感じるであろう．その結果，鏡 M_1 と鏡 M_4 に挟まれた領域——図 12.1 の X で示した領域——に物を隠すことができる．その領域は透明に見えるから，物が隠されていることに気づかれないですむ．

この仕掛けはマジックのためのテーブルへ応用することができる（中村 1993）．図 12.2 に示すように，テーブルの上板のすぐ下にこの鏡の仕掛けを設ける．観客には，テーブルの上板のすぐ下は，裏側が透けて見えるため，そこに物を隠す余地などないという印象を与えることができるであろう．これによって，テーブルの下にいろいろな物を隠しておいて，取り出すことができる．

この仕掛けのもう一つの応用例を図 12.3 に示す．これは，回廊の一部にこの仕掛けを設けることによって，そこだけ向こう側が透けて見えるようにしたものである．この図のように，コの字型に回廊を作って，そこに仕掛けを入れる．この場合には，図 12.1 の鏡 M_1 と M_4 を地上に置き，鏡 M_2 と M_3 は地面より下に置く．観客は，この回廊に，入口から入って全体を歩く．そして，出口から出たあとで，その回廊を振り返ってみると，通ってきたはずの回廊の一部が透明になっているように見える．観客は，回廊の中を歩いているときには，途

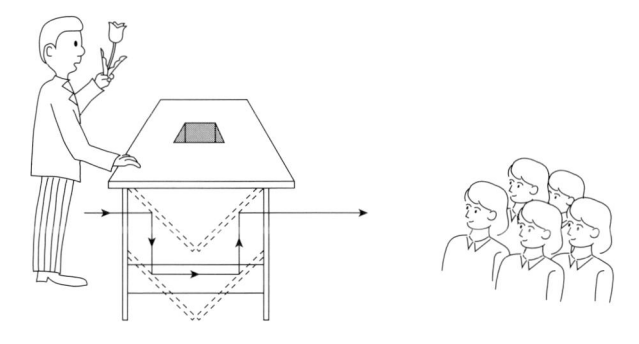

図 12.2 マジック用テーブルへの応用.

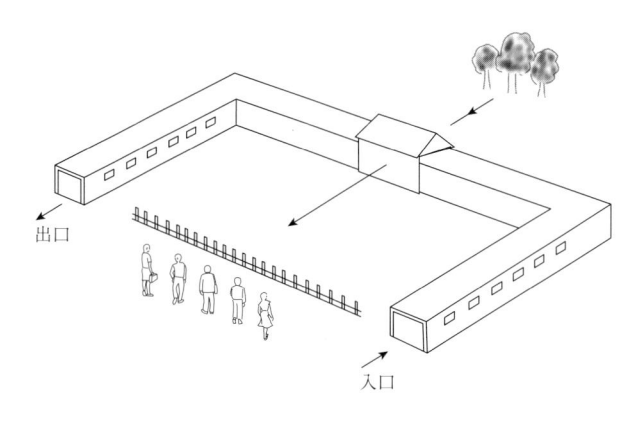

図 12.3 透明回廊への応用.

中で外へ出た覚えがないから驚くであろう．この仕掛けは，アミューズメントパークなどに使えるであろう．

ところで，図 12.1 の仕掛けを通る光としては，まだ鏡 M_1 に対して 45 度の角度で入るものしか考えていない．しかし実際には，いろいろな方向から光が入ってくる．そのような光は，この仕掛けを通ったあとどのように振舞うであろうか．やはり入ってきた方向と平行な方向へ出ていくであろうか．このことが確認できなければ，この仕掛けの有効性は納得できないであろう．これを確認するためには，数理の力が必要である．次に，そのための準備をしよう．

12.2　鏡による光の反射

本節では，鏡に入射する光線と，それが反射したあとの反射光線との関係を明らかにしよう．まず，入射光と反射光の向きの関係を調べる．空間に置かれた鏡面 M の表向き単位法線ベクトルを $\bm{n} = (n_x, n_y, n_z)^{\mathrm{t}}$ とする．この鏡に，図 12.4 に示すように，ベクトル $\bm{v}$ に平行な光が当って反射し，その反射光の方向がベクトル $\bm{v}'$ で表されるとしよう．$\bm{n}$ と $\bm{v}$ が与えられたとき，$\bm{v}'$ を求めたい．

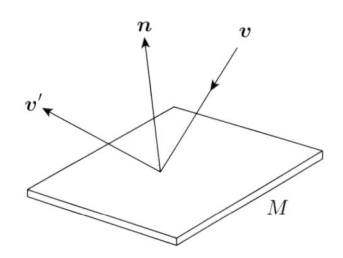

図 **12.4**　鏡による光の反射．

図 12.4 からわかるように，法線ベクトル $\bm{n}$ のまわりにベクトル $\bm{v}$ を 180 度回転し，次にその向きを逆にしたものがベクトル $\bm{v}'$ である．この方針で $\bm{v}'$ を求めてみよう．そのために，ここでは出発点として次の事実を利用する．

位置ベクトル $\bm{p} = (p_x, p_y, p_z)^{\mathrm{t}}$ で表される点（これを以下では点 $\bm{p}$ とよぶ）を単位ベクトル $\bm{n} = (n_x, n_y, n_z)^{\mathrm{t}}$ のまわりに θ だけ回転して点 $\bm{p}' = (p_x', p_y', p_z')^{\mathrm{t}}$ を得る変換は，3 次の行列 $R(\theta)$ を用いて

$$\bm{p}' = R(\theta)\bm{p}' \tag{12.1}$$

と表すことができる．ただし，行列 $R(\theta)$ は次のとおりである．

$$R(\theta)$$
$$= \begin{pmatrix} \cos\theta + n_x^2(1-\cos\theta) & n_x n_y(1-\cos\theta) - n_z\sin\theta & n_x n_z(1-\cos\theta) + n_y\sin\theta \\ n_y n_x(1-\cos\theta) + n_z\sin\theta & \cos\theta + n_y^2(1-\cos\theta) & n_y n_z(1-\cos\theta) - n_x\sin\theta \\ n_z n_x(1-\cos\theta) - n_y\sin\theta & n_z n_y(1-\cos\theta) + n_x\sin\theta & \cos\theta + n_z^2(1-\cos\theta) \end{pmatrix}$$
$$\tag{12.2}$$

この式の導出については，杉原 (1995), 金谷 (1998) などを参照されたい．

式 (12.2) において $\theta = \pi$ とおくと，

$$R(\pi) = \begin{pmatrix} -1 + 2n_x{}^2 & 2n_x n_y & 2n_x n_z \\ 2n_y n_x & -1 + 2n_y{}^2 & 2n_y n_z \\ 2n_z n_x & 2n_z n_y & -1 + 2n_z{}^2 \end{pmatrix}$$

$$= -\begin{pmatrix} 1 & 0 & 0 \\ 0 & 1 & 0 \\ 0 & 0 & 1 \end{pmatrix} + 2\begin{pmatrix} n_x{}^2 & n_x n_y & n_x n_z \\ n_y n_x & n_y{}^2 & n_y n_z \\ n_z n_x & n_z n_y & n_z{}^2 \end{pmatrix}$$

$$= -I + 2\boldsymbol{n}\boldsymbol{n}^{\mathrm{t}} \tag{12.3}$$

が得られる．ただし，I は 3 次の単位行列である．

さて，法線 $\boldsymbol{n}$ の鏡面に入射した光の方向 $\boldsymbol{v}$ を，$\boldsymbol{n}$ を軸として π だけ回転してから向きを逆にしたものが反射光の方向 $\boldsymbol{v}'$ である．したがって，

$$\boldsymbol{v}' = (I - 2\boldsymbol{n}\boldsymbol{n}^{\mathrm{t}})\boldsymbol{v} \tag{12.4}$$

である．これが，入射光の方向と反射光の方向の関係を表す基本的な式である．

以上は光線の向きに関する考察である．次に，実際に光線を含む直線が，反射によってどのように変わるかを見てみよう．法線ベクトル $\boldsymbol{n}$ をもつ平面は，ある定数 d を用いて

$$\boldsymbol{n} \cdot \boldsymbol{x} = d \tag{12.5}$$

と表すことができる．ただし，$\cdot$ はベクトルの内積を表す．

今，光線が，3 次元空間の点 $\boldsymbol{p}$ から出て，ベクトル $\boldsymbol{v}$ に平行に進んでいるとしよう．この直線上の点 $\boldsymbol{x}$ は，パラメータ t を用いて，

$$\boldsymbol{x} = \boldsymbol{p} + t\boldsymbol{v} \tag{12.6}$$

と表すことができる．この直線と式 (12.5) で表される平面との交点 $\boldsymbol{x}_0$ を求めたい．そのために式 (12.6) を式 (12.5) に代入すると，

$$\boldsymbol{n} \cdot (\boldsymbol{p} + t\boldsymbol{v}) = d \tag{12.7}$$

が得られる．したがって

$$t = \frac{d - \bm{n} \cdot \bm{p}}{\bm{n} \cdot \bm{v}} \tag{12.8}$$

である．すなわち，直線 (12.6) と平面 (12.5) の交点は，式 (12.8) を式 (12.6) に代入して，

$$\bm{x}_0 = \bm{p} + \frac{d - \bm{n} \cdot \bm{p}}{\bm{n} \cdot \bm{v}} \bm{v} \tag{12.9}$$

となる．一方，法線 $\bm{n}$ の鏡で反射した光の方向は式 (12.4) で表されるから，結局，反射光線を表す直線は

$$\bm{x} = \bm{p} + \frac{d - \bm{n} \cdot \bm{p}}{\bm{n} \cdot \bm{v}} \bm{v} + t(I - 2\bm{n}\bm{n}^{\mathrm{t}})\bm{v} \tag{12.10}$$

となる．

図 12.1 の仕掛けの考察に戻ろう．12.1 節では，鏡 M_1 の法線方向に関して 45 度の角度で光が入射する場合を考えた．ここでは，一般の方向から光が入射する場合を考えよう．

図 12.1 の鏡 M_i, $i = 1, 2, 3, 4$, に対する単位法線ベクトルを $\bm{n}_i$ とする．M_1 と M_2，M_3 と M_4 はそれぞれ向かい合っているから

$$\bm{n}_1 = -\bm{n}_2, \quad \bm{n}_3 = -\bm{n}_4 \tag{12.11}$$

である．また M_2 と M_3 の法線方向は直交しているから

$$\bm{n}_2 \cdot \bm{n}_3 = 0 \tag{12.12}$$

である．

ベクトル $\bm{v}$ に平行な光が鏡 M_1 へ入射したとしよう．この光が M_1 で反射して出る方向を $\bm{v}_1$, 次にそれが鏡 M_2 で反射して出る方向を $\bm{v}_2$, 次にそれが鏡 M_3 で反射して出る方向を $\bm{v}_3$, そしてそれが最後に鏡 M_4 で反射して出る方向を $\bm{w}$ とする．式 (12.4) より

$$\bm{v}_1 = (I - 2\bm{n}_1\bm{n}_1^{\mathrm{t}})\bm{v}, \tag{12.13}$$

$$\bm{v}_2 = (I - 2\bm{n}_2\bm{n}_2^{\mathrm{t}})\bm{v}_1, \tag{12.14}$$

$$\bm{v}_3 = (I - 2\bm{n}_3\bm{n}_3^{\mathrm{t}})\bm{v}_2, \tag{12.15}$$

$$\bm{w} = (I - 2\bm{n}_4\bm{n}_4^{\mathrm{t}})\bm{v}_3 \tag{12.16}$$

である．

12.2 鏡による光の反射

式 (12.13) を (12.14) へ代入し，$n_2 = -n_1$, $n_2{}^t n_1 = -1$ に注意すると

$$\begin{aligned}
v_2 &= (I - 2n_2 n_2{}^t)(I - 2n_1 n_1{}^t)v \\
&= (I - 2n_1 n_1{}^t - 2n_2 n_2{}^t + 4n_2 n_2{}^t n_1 n_1{}^t)v \\
&= (I - 2n_1 n_1{}^t - 2n_2 n_2{}^t - 4n_2 n_1{}^t)v \\
&= (I - 2n_1 n_1{}^t - 2n_1 n_1{}^t + 4n_1 n_1{}^t)v \\
&= v
\end{aligned} \tag{12.17}$$

が得られる．このように，平行で向かい合う二つの鏡に順に反射した光は，もとの光と平行である．

同様に式 (12.15) と式 (12.16) より

$$w = v_2 \tag{12.18}$$

も成り立つ．式 (12.17) と式 (12.18) より

$$w = v \tag{12.19}$$

を得る．このように，図 12.1 の仕掛けにどの方向から光が入っても，四つの鏡で順に反射しさえすれば，最後に出る光は入射光と平行となる．

以上の議論においては，鏡 M_2 と鏡 M_3 のなす角度は特に使っていないことに注意していただきたい．すなわち，図 12.1 の仕掛けにおいて，鏡 M_2 と鏡 M_3 が直交しているかどうかにかかわらず，入射光と反射光は平行となる．

ところで，鏡は空間の向きを変えるという性質をもっている．3 次元空間における同一平面上にはない 4 点 P_0, P_1, P_2, P_3 をこの順に並べた列を (P_0, P_1, P_2, P_3) で表す．手の親指と人差し指と中指を自然に伸ばし，P_0 をそれらの指の付け根に置き，親指の先端を P_1 へ向け，人差し指の先端を P_2 へ向け，中指の先端を P_3 へ向けてみよう．指を自然に広げたとき，これができるのは右手か左手のどちらか一方だけである．右手でこれができるとき，点列 (P_0, P_1, P_2, P_3) は**右手系** (right-hand system) の**向き** (orientation) をもつといい，左手でこれができるときこの点列は**左手系** (left-hand system) の向きをもつという．同一平面上にはない任意の 4 点の列は，右手系か左手系のいずれかに分類される．

立体を鏡に映すという変換を施すと，立体から選んだ同一平面上にはない 4 点の列は，すべてその向きが反転する．このことを，鏡に映す変換は「空間の

向きを反転させる」という．鏡に人の姿を写したときには，「右と左が逆になる」などと言われるが，この現象は空間の向きが変わることの一例である．

向きは2種類しかないから，鏡で映すという操作を2回続けて施すと，空間の向きはもとへ戻る．したがって，鏡で奇数回反射した光は，もとの世界とは逆の空間の向きをもつが，鏡で偶数回反射した光は，もとの世界と同じ空間の向きをもつ．だから人の姿を左右が逆転しないように映したかったら，偶数枚の鏡で反射させればよい．

12.3　コーナーミラー

図 12.5 に示すように，3枚の鏡 M_1, M_2, M_3 が，部屋の角（コーナー）のように，互いに内向きに直角の角度で接続されてできた構造は，**コーナーミラー** (corner mirror) とよばれる．このコーナーミラーは，どの方向から光が入ってきても，3枚の鏡で次々と反射したのち，その光は入射光と平行な方向へ戻っていくという性質をもっている．初めて聞いた人には，とても不思議な性質に思えるのではないだろうか．

この性質は，次のようにして確認できる．コーナーミラーの鏡面 M_1, M_2, M_3 の単位法線ベクトルを $\bm{n}_1, \bm{n}_2, \bm{n}_3$ とする．

$$\bm{n}_1 \cdot \bm{n}_2 = \bm{n}_2 \cdot \bm{n}_3 = \bm{n}_1 \cdot \bm{n}_3 = 0 \tag{12.20}$$

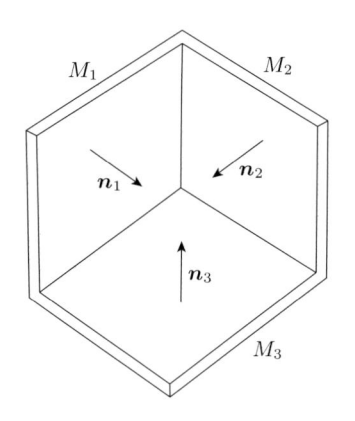

図 **12.5**　コーナーミラー．

である．一般性を失うことなく，入射光は，M_1, M_2, M_3 の順に反射するとしよう．入射光はベクトル $\bm{v}$ に平行であるとし，それが，M_1, M_2, M_3 で反射したあとの反射光の方向を，それぞれ $\bm{v}_1, \bm{v}_2, \bm{v}_3$ とする．

式 (12.4) より

$$\bm{v}_1 = (I - 2\bm{n}_1\bm{n}_1^{\rm t})\bm{v}, \tag{12.21}$$

$$\bm{v}_2 = (I - 2\bm{n}_2\bm{n}_2^{\rm t})\bm{v}_1, \tag{12.22}$$

$$\bm{v}_3 = (I - 2\bm{n}_3\bm{n}_3^{\rm t})\bm{v}_2 \tag{12.23}$$

である．式 (12.21) を式 (12.22) に代入して

$$\begin{aligned}\bm{v}_2 &= (I - 2\bm{n}_2\bm{n}_2^{\rm t})(I - 2\bm{n}_1\bm{n}_1^{\rm t})\bm{v} \\ &= (I - 2\bm{n}_1\bm{n}_1^{\rm t} - 2\bm{n}_2\bm{n}_2^{\rm t} + 4\bm{n}_2\bm{n}_2^{\rm t}\bm{n}_1\bm{n}_1^{\rm t})\bm{v}\end{aligned} \tag{12.24}$$

となる．ここで $\bm{n}_2^{\rm t}\bm{n}_1$ はベクトル $\bm{n}_2$ とベクトル $\bm{n}_1$ の内積に等しいことに注意すると，$\bm{n}_2\bm{n}_2^{\rm t}\bm{n}_1\bm{n}_1^{\rm t}$ はすべての要素が 0 の 3 次行列であることがわかる．したがって

$$\bm{v}_2 = (I - 2\bm{n}_1\bm{n}_1^{\rm t} - 2\bm{n}_2\bm{n}_2^{\rm t})\bm{v} \tag{12.25}$$

となる．

次に式 (12.25) を式 (12.23) に代入すると，上と同様にして

$$\begin{aligned}\bm{v}_3 &= (I - 2\bm{n}_3\bm{n}_3^{\rm t})(I - 2\bm{n}_1\bm{n}_1^{\rm t} - 2\bm{n}_2\bm{n}_2^{\rm t})\bm{v} \\ &= (I - 2\bm{n}_1\bm{n}_1^{\rm t} - 2\bm{n}_2\bm{n}_2^{\rm t} - 2\bm{n}_3\bm{n}_3^{\rm t})\bm{v} \\ &= (-5I + 2(I - \bm{n}_1\bm{n}_1^{\rm t}) + 2(I - \bm{n}_2\bm{n}_2^{\rm t}) + 2(I - \bm{n}_3\bm{n}_3^{\rm t}))\bm{v}\end{aligned} \tag{12.26}$$

と変形できる．

ところで，単位ベクトル $\bm{n}$ に対して，3 次正方行列 $I - \bm{n}\bm{n}^{\rm t}$ は，任意のベクトル $\bm{x}$ を $\bm{n}$ に垂直な平面へ射影する変換行列である．実際，$\bm{n} = (n_x, n_y, n_z)^{\rm t}, \bm{x} = (x, y, z)^{\rm t}$ とおくと，

$$(I - \bm{n}\bm{n}^{\rm t})\bm{x} = \begin{pmatrix} 1 - n_x^2 & -n_x n_y & -n_x n_z \\ -n_y n_x & 1 - n_y^2 & -n_y n_z \\ -n_z n_x & -n_z n_y & 1 - n_z^2 \end{pmatrix} \begin{pmatrix} x \\ y \\ z \end{pmatrix}$$

$$= \begin{pmatrix} (1-n_x{}^2)x - n_x n_y y - n_x n_z z \\ -n_y n_x x + (1-n_y{}^2)y - n_y n_z z \\ -n_z n_x x - n_z n_y y + (1-n_z{}^2)z \end{pmatrix} \qquad (12.27)$$

であるが，これと $\boldsymbol{n}$ との内積をとると

$$\begin{aligned}
\boldsymbol{n} \cdot (I - \boldsymbol{nn}^{\text{t}})\boldsymbol{x} &= n_x \left((1-n_x{}^2)x - n_x n_y y - n_x n_z z \right) \\
&\quad + n_y \left(-n_y n_x x + (1-n_y{}^2)y - n_y n_z z \right) \\
&\quad + n_z \left(-n_z n_x x - n_z n_y y + (1-n_z{}^2)z \right) \\
&= (1 - n_x{}^2 - n_y{}^2 - n_z{}^2)(n_x x + n_y y + n_z z) \\
&= 0 \qquad\qquad\qquad\qquad\qquad\qquad\qquad (12.28)
\end{aligned}$$

となる．したがって，任意の $\boldsymbol{x}$ に対して，$(I - \boldsymbol{nn}^{\text{t}})\boldsymbol{x}$ は $\boldsymbol{n}$ と直交する．また，$\boldsymbol{n}^{\text{t}}\boldsymbol{n} = 1$ に注意すると

$$\begin{aligned}
(I - \boldsymbol{nn}^{\text{t}})^2 &= I - 2\boldsymbol{nn}^{\text{t}} + \boldsymbol{nn}^{\text{t}}\boldsymbol{nn}^{\text{t}} \\
&= I - 2\boldsymbol{nn}^{\text{t}} + \boldsymbol{nn}^{\text{t}} = I - \boldsymbol{nn}^{\text{t}} \qquad (12.29)
\end{aligned}$$

が満たされるから，$I - \boldsymbol{nn}^{\text{t}}$ は射影となっている．

式 (12.26) にもどろう．この式の右辺の括弧の中の第 2，第 3，第 4 項はそれぞれ $\boldsymbol{n}_1, \boldsymbol{n}_2, \boldsymbol{n}_3$ に垂直な平面への射影を表す行列の 2 倍となっている．そこで，一般性を失うことなく，$\boldsymbol{n}_1, \boldsymbol{n}_2, \boldsymbol{n}_3$ を三つの軸とする 3 次元直交座標系を考え，$\boldsymbol{v}$ をこの座標成分で表したものを $\boldsymbol{v} = (v^{(1)}, v^{(2)}, v^{(3)})^{\text{t}}$ とする．射影行列の性質から

$$(I - \boldsymbol{n}_1 \boldsymbol{n}_1{}^{\text{t}})\boldsymbol{v} = (0, v^{(2)}, v^{(3)})^{\text{t}}, \qquad (12.30)$$

$$(I - \boldsymbol{n}_2 \boldsymbol{n}_2{}^{\text{t}})\boldsymbol{v} = (v^{(1)}, 0, v^{(3)})^{\text{t}}, \qquad (12.31)$$

$$(I - \boldsymbol{n}_3 \boldsymbol{n}_3{}^{\text{t}})\boldsymbol{v} = (v^{(1)}, v^{(2)}, 0)^{\text{t}} \qquad (12.32)$$

である．これらを式 (12.26) に代入すると

$$\boldsymbol{v}_3 = -5I\boldsymbol{v} + 2\begin{pmatrix} 0 \\ v^{(2)} \\ v^{(3)} \end{pmatrix} + 2\begin{pmatrix} v^{(1)} \\ 0 \\ v^{(3)} \end{pmatrix} + 2\begin{pmatrix} v^{(1)} \\ v^{(2)} \\ 0 \end{pmatrix}$$

$$= -5 \begin{pmatrix} v^{(1)} \\ v^{(2)} \\ v^{(3)} \end{pmatrix} + 4 \begin{pmatrix} v^{(1)} \\ v^{(2)} \\ v^{(3)} \end{pmatrix} = -\boldsymbol{v} \quad (12.33)$$

が得られる．

したがって，$\boldsymbol{v}_3$ は $\boldsymbol{v}$ と平行で反対を向いている．すなわち，コーナーミラーは，入射光から，それと平行で向きが逆の反射光を作り出すことが確かめられた．

小型のコーナーミラーを平面上にたくさん並べた反射板は，高い反射性能をもつ．すなわち，どちらの方向から照らしても，照らした方向へ反射が返ってくるため，そこに反射板があることがよくわかる．たとえば，これを自転車やガードレールに取り付けておくと，車のヘッドライトに照らされたとき反射した光が車の運転席からよく見えるため，暗い夜道でそこに障害物があることがよくわかって，安全に役立つ．

暗がりで猫に懐中電灯の光を当てると，光がその目で反射して，猫の目が光っているように見える．これは，猫の目が上の反射板と同様の性質をもっているからである．そのため，上の反射板は**キャッツアイ** (cat's eye) とよばれることもある．

キャッツアイを利用した透明イリュージョンの仕掛けも考えられている．この仕掛けを使った例を図 12.6 に示す．キャッツアイで覆われた服を着た演技者が観客の前に立つ．この演技者の背中には，観客には見えないように後向きに

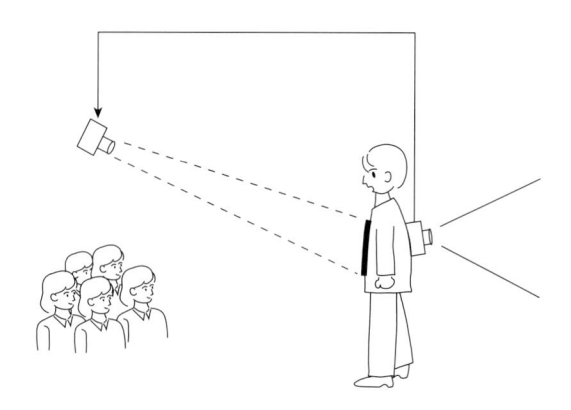

図 **12.6** キャッツアイを利用した透明イリュージョン．

テレビカメラが取り付けてある．そして，このテレビカメラの映像を観客の後ろから演技者の前面に投影する．すると，キャッツアイでできた服がスクリーンの役目を果たし，観客には，演技者の裏側のシーンが見えて，あたかも光が演技者の体を通り抜けているかのような印象をもたらす（舘 1993）．

12.4 ロバストな角度変更ミラーについて

コーナーミラーは入射光の方向を 180 度変えるが，この機能は，入射光がどちらの方向からコーナーミラーに入っても変わらないという意味でロバストである．すなわち，コーナーミラーをある程度いいかげんな姿勢で設置しても，そこへ入ってきた光は正確に 180 度向きを変える．このように，いいかげんに設備しても正確に機能を発揮できるシステムは**ロバスト**（頑健）であるといわれる．では，180 度以外の指定された角度で光の向きを変える機能を，鏡でロバストに実現することはできるであろうか．本節ではこれを考えてみよう．

入射光がある平面内に制限できる場合には，この機能を簡単に実現できる．すなわち，光の方向を角度 A だけ変えたかったら，2 枚の鏡を，鏡の表側が $\pi - A/2$ の角度をなすように組み合わせればよい．この構造を図 12.7 に示す．この図のように，2 枚の鏡 M_1, M_2 を，紙面に垂直な同一の平面上に並べた状態から，角度 $A/2$ だけ内向きに折り曲げた状態で固定した構造を作る．

この鏡に紙面に平行な光が入射し，図の矢印をつけた線で示すように，まず M_1 で反射して，次に M_2 で反射したとしよう．M_1 と入射光，反射光がなす角度は等しいからこれを α とし，M_2 とその入射光，反射光がなす角度も等しいからこれを β とする．三角形の二つの内角と残りの頂点の外角との関係から

$$\alpha + \beta = \frac{A}{2} \tag{12.34}$$

である．

一方，入ってきた光は，鏡 M_1 で反射したとき，角度 2α だけ方向を変え，次に鏡 M_2 で反射したときさらに角度 2β だけ方向を変えるから，全体では

$$2\alpha + 2\beta = A \tag{12.35}$$

だけ角度を変える．

12.4 ロバストな角度変更ミラーについて

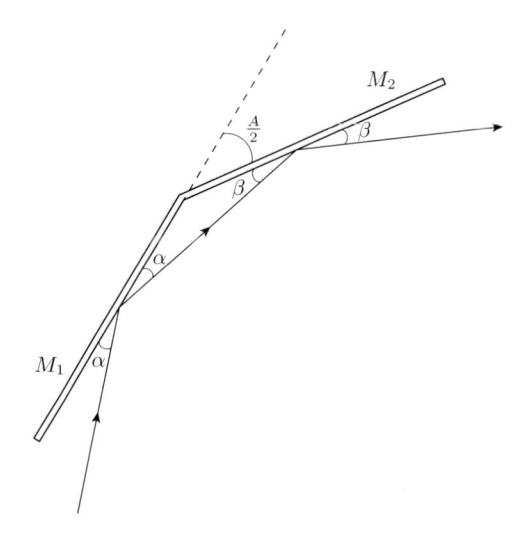

図 12.7 任意角度のロバストな光路変更機構.

　光の入射方向が変わると α は変わる．そして，それに連動して β も変わる．しかしここに示したとおり，$\alpha + \beta$ は変わらないで，一定値 $A/2$ を保つ．したがって，この鏡の構造は，入射方向が変動しても，反射光を入射光から角度 A だけ変更するというロバスト性をもっている．

　この装置で $A/2$ を 45 度にすると，光を直角に折り曲げることができる．これは第 1 章で紹介した遠近法作画装置のカメラ・ルシダでも使われているものである．

　図 12.8(a) に示すように，$A/2$ を 90 度にすると，光の方向を 180 度曲げることができる．すなわち，入射した方向へ光を返すことができる．この鏡の前に立って自分を映すと，左右が逆転しない自分の姿を見ることができる．これは 2 回の反射をしたあとの光を見ているからである．

　図 12.8(b) に示すように，$A/2$ を 120 度にしても，光はもとの方向へ戻る．これは，同図の矢印の線で示すように合計 3 回の反射をすることによって反射光が作られるからである．この場合は，反射の回数が奇数であるから，その前に立った人は，左右が反転した自分の姿を見ることになる．したがって，この 2 枚の鏡は正面を向けて立てた 1 枚の鏡と等価な振舞いをする．

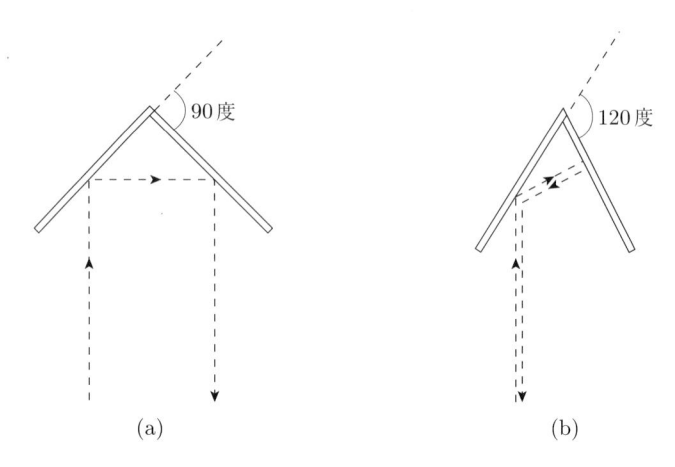

図 12.8 反射光が入射光と平行で逆向きになる鏡の組合せ.

　では，次に3次元の場合を考えてみよう．あらかじめ一つの平面内に制限されることなく任意の方向から届いた光を望みの角度 A だけ変える構造を鏡を使って実現できるであろうか．実は $A \neq 180$ 度のときに，それは不可能である．このことは次のようにして理解できる．

　単位法線ベクトル $\boldsymbol{n}_i$, $i = 1, 2, 3, \ldots, k$, をもつ k 枚の鏡 $M_1, M_2, \ldots, M_k$ で，この順に入射光を反射させたとしよう．鏡 M_i による反射は行列 $R_i = (I - 2\boldsymbol{n}_i \boldsymbol{n}_i^{\mathrm{t}})$ による変換で表せた．これは直交行列である．したがって，鏡 $M_1, M_2, \ldots, M_k$ で次々に反射した光の向きは直交行列

$$R = R_k R_{k-1} \cdots R_2 R_1 \tag{12.36}$$

で表すことができる．したがって，この変換は3次元空間のある一つの軸のまわりの回転を表すか，それに反転（空間の向きを逆にする変換）を加えたものかのいずれかである．そのような変換は，I（恒等変換）または $-I$ でない限り，入射光を，その入射光に依存した角度で向きを変える．したがって，いろいろな方向から入射した光線を，入射光に依存しないで同一の角度 A だけ向きを変えるという機能はもち得ない．このように，2次元と異なり，3次元では，一定角の向きの変換をロバストに行う機能を鏡で作ることはできない．

12.5 ハーフミラー

半透明の鏡がある．これは，図 12.9 に示すように，通常の鏡と同じく入射光を反射する性質と，鏡の裏側から届いた光をそのまま通す性質をあわせもつ．このような鏡は，ハーフミラー (half mirror) とよばれる．

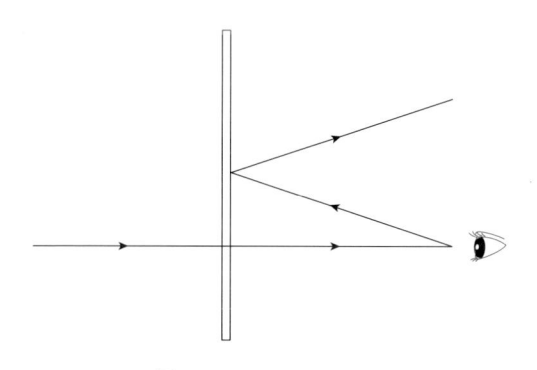

図 12.9 ハーフミラー．

このハーフミラーも，透明イリュージョンを演出するのに役立つ．その演出例を図 12.10 に示した．この図のように，観客の前に 45 度の角度でハーフミラーを立てる．このハーフミラーの裏に物体 A を置く．ハーフミラーは，裏から届いた光をそのまま素通しするから，観客にもその物体 A が見える．

次に，観客からは見えない壁の裏側に，図のようにもう一つの物体 B を置き，ハーフミラーで反射したその物体の像が，観客の目の届くようにする．観客がそこにハーフミラーがあることを知らなければ，観客には，図の破線で示すように正面の B' の位置にある物体が目に届いているように見える．その結果，物体 A が見えると同時に，その A を通して，A の後ろにあるもう一つの物体 B' が透けて見えているという印象をもたらす．

物体 A として，机や椅子などの家具を並べ，物体 B の代わりにその位置で人がダンスなどをすると，半透明の人間が家具を通り抜けながら踊るシーンが演出できる．この仕掛けは，ロンドンの王立工芸学校の教授であったジョン・ヘンリー・ペッパー (John Henry Pepper, 1821–1900) が発明したもので，ペッパーの幽霊という名称で知られている（グレゴリー 2001）．そしてこれは，ア

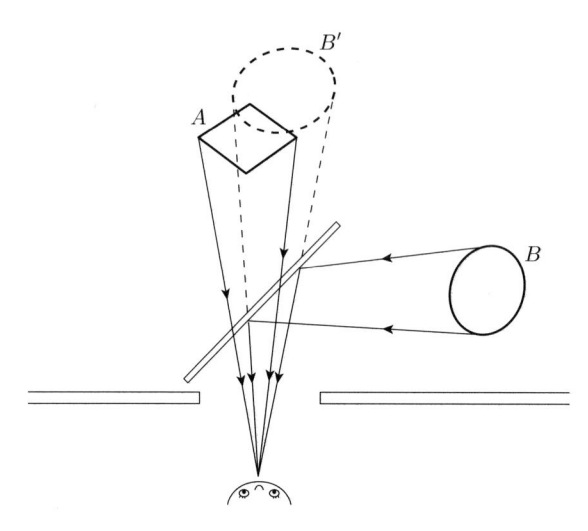

図 12.10　ハーフミラーを使った透明イリュージョン．

ミューズメントパークのお化け屋敷などでも古くから使われている．

もっとずっと古い時代に，ハーフミラーは建物の完成予想図を作るのにも使われていた．図 12.11 に，イタリアの建築家フィリップ・ブルネレスキ (1377–1446) が使ったシステムを模式的に示す．外の実際のシーンへ向けて立てた板にのぞき穴を作る．このぞき穴から外の世界を眺めることができる．この板の目の

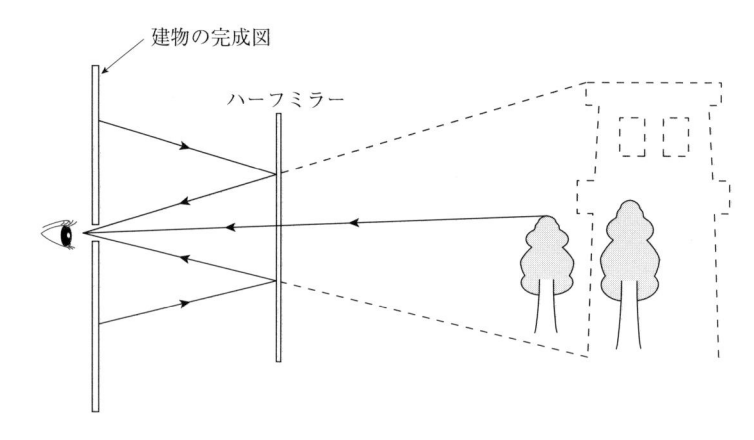

図 12.11　ハーフミラーを使った完成予想図．

位置から見て裏側に，設計した建物の完成図を，左右を逆転させて描いた絵を貼り付ける．そして，のぞき穴と外のシーンの間にハーフミラーを立てる．のぞき穴から見た人には，ハーフミラーの裏側から透過して目に届く外の世界の実際の姿と，ハーフミラーで反射した建物の完成図とが二重に重なって見える．その結果，建物が実際の世界の中に建った状況を示す完成予想図が得られるわけである．

参考文献

Ames, A. Jr. (1951)：Visual perception and the rotational trapezoid window. *Psychological Monographs*, 7(65), pp. 1–32 (American Psychological Association, Washington, DC).

安野光雅 (1974)：ABCの本――へそ曲がりのアルファベット．福音館書店，東京．

Clowes, M. B. (1971)：On seeing things. *Artificial Intelligence*, Vol. 2, pp. 79–116.

出口光一郎 (1991)：画像と空間――コンピュータビジョンの幾何学．昭晃堂，東京．

Draper, S. W. (1978)：The Penrose triangle and a family of related figures. *Perception*, Vol. 7, pp. 283–296.

エルンスト，B.（坂根巖夫 訳，1983）：エッシャーの宇宙．朝日新聞社，東京．

福田繁雄 (2000)：福田繁雄のトリックアート・トリップ．毎日新聞社，東京．

グレゴリー，R. L.（金子隆芳 訳，1972）：インテリジェント・アイ．みすず書房，東京．

グレゴリー，リチャード（鳥居修晃，鹿取廣人，望月登志子，鈴木光太郎 訳，2001）：鏡という謎――その神話・芸術・科学．新曜社，東京．

ホーエンベルグ，F.（増田祥三 訳，1969）：技術における構成幾何学〈上巻〉，〈下巻〉．日本評論社，東京．

Huffman, D. A. (1971)：Impossible objects as nonsense sentences. B. Meltzer and D. Michie (eds.), *Machine Intelligence 6*, Edinburgh University Press, Edinburgh, pp. 295–323.

Kanade, T. (1980)：A theory of origami world. *Artificial Intelligence*, Vol. 13, pp. 279–311.

金谷健一 (1990)：画像理解――3次元認識の数理．森北出版，東京．

金谷健一 (1998)：形状CADと図形の数学．工系数学講座19，共立出版，東京．

小山清男 (1998)：遠近法――絵画の奥行きを読む．朝日選書613, 朝日新聞社，東京．

黒田正巳 (1992)：空間を描く遠近法．彰国社，東京．

メッツガー，P.（田中悦子 訳，1993）：初めて学ぶ遠近法．エルテ出版，東京．

中村弘 (1993)：マジックは科学．BLUE BACKS, 講談社，東京．

参考文献

Penrose, L. S., and Penrose, R. (1958)：Impossible objects — A special type of visual illusion. *British Journal of Psychology*, Vol. 49, pp. 31–33.

シェパード, R. N. (鈴木光太郎, 芳賀康朗 訳, 1993)：視覚のトリック——だまし絵が語る〈見る〉しくみ. 新曜社, 東京.

Sugihara, K. (1978)：Picture language for skeletal polyhedra. *Computer Graphics and Image Processing*, Vol. 8, pp. 382–405.

Sugihara, K. (1986)：*Machine Interpretation of Line Drawings*. MIT Press, Cambridge, Massachusetts.

杉原厚吉 (1993)：不可能物体の数理. 森北出版, 東京.

杉原厚吉 (1995)：グラフィックスの数理. 共立出版, 東京.

杉原厚吉 (1997)：だまし絵であそぼう. 岩波書店, 東京.

Sugihara, K. (2005)：A characterization of a class of anomalous solids. *Interdisciplinary Information Sciences*, Vol. 11, No. 2, pp. 149–156.

舘 暲 (2002)：バーチャルリアリティ入門. ちくま新書 369, 筑摩書房, 東京.

種村季弘, 高柳篤 (1987)：だまし絵. 新版遊びの百科全書 2, 河出書房新社, 東京.

Waltz, D. (1975)：Understanding line drawings of scenes with shadows. P. H. Winston (ed.)：*The Psychology of Computer Vision*, McGraw-Hill, New York, pp. 19–91.

横地清 (1995)：遠近法で見る浮世絵. 三省堂, 東京.

養老孟司, 荒俣宏, 森村誠一 (1993)：C.G. ステレオグラム〈3〉. 小学館, 東京.

索引

ア

明るさ, 52
アナモルフォーズ, 72
安野光雅, 94
一般の位置, 86
浮き絵, 2
うなり, 155
運動立体視, 42, 149
映画, 155
エイムズの部屋, 131
エッシャー, 85, 94
絵の完全性, 91
エピポーラ拘束, 40
遠近逆転の組合せ, 110
遠近法, 1, 3, 55, 65, 77
遠近法作画装置, 6
遠景, 59
円板, 50, 51
凹凸, 77
凹稜線, 87
奥行き感, 59
奥行感の喪失, 65
奥行き方向のギャップ, 114
お化け屋敷, 84, 174
オプティカルフロー, 42, 150

カ

終わりのない階段, 112

ガードレール, 169
回転, 24, 44
回転速度, 155
影, 54
カメラ・ルシダ, 8, 171
完成予想図, 70, 174
完全拡散面, 54, 81
完全鏡面, 53
観測システム, 2, 46
観測者, 77
貫通する棒, 126
カンバス, 2
擬似スコープ, 142
基線, 39
逆視, 136
キャッツアイ, 169
距離場, 55
近景, 59
緊密, 123
緊密成分, 123
緊密成分分解, 124
空間の向き, 166

建築学の手品, 61
広角レンズ, 69
交差視, 136
合成写真, 70
コーナーミラー, 166
誇張, 59
子役, 59
コントラスト, 54

サ

最後の晩餐, 70
サイコロ, 81
錯視, 57
錯覚, 126
左右兼用, 143
三面頂点, 88
サン・ピエトロ寺院, 62
視線, 3
視点, 2, 65, 86
視点からの距離, 55
自転車, 169
自明, 124
射影, 168
射影空間, 22
射影的, 21, 29
射影変換, 28
充足可能性, 105
充足可能性判定問題, 106
自由度, 29, 50, 52–54, 118
自由度の下限, 118, 120
周波数, 154
順視, 136
純粋な回転, 46
消点, 11, 54, 57
焦点距離, 68
照明, 81

剰余成分, 124
シンボルマーク, 149
錐体, 89
垂直投影, 5, 50
スカラー場, 55
スカラ・レギア, 61
ステージマジック, 62
ステレオグラム, 135
ステレオ対点, 145
ストロボ照明, 154
ストロボスコープ, 154
スパダ宮の柱廊, 61
スピードレース, 65
スポット光, 41
切断, 20
線形計画法, 106
線形計画問題, 107
線束, 19
疎, 123
像, 3
像のボケ方, 54
速度場, 149

タ

タービン, 155
対応点決定問題, 41
楕円, 35, 50, 51
正しい視点, 65
だまし絵, 85
多面体, 86
単眼立体視, 49
単像ステレオグラム, 143
単体法, 106
中心投影, 3, 51
中心投影図, 3
頂点辞書, 93

直交行列, 24
つやのない面, 54
デカルト座標, 22
デルタ関数, 54
点, 22
展開図, 111, 133
電子シャッター, 141
点パターン, 19
投影する, 3
投影像, 3
投影中心, 3
投影面, 2
同次座標, 22
同値, 22
透明イリュージョン, 173
道路の幅, 63
床屋, 149
ドットパターン, 138
凸稜線, 87
トリック, 60, 62, 63, 114

ナ

内壁, 63
2 次曲線, 34
2 種類の奥行き, 46
濃淡, 53

ハ

ハーフミラー, 8, 173
背景的, 20, 21
歯車, 153
パラパラ漫画, 156
反射, 53
反射板, 169
反重力すべり台, 129

半透明, 173
光切断法, 42
歪像画, 72
歪像画法, 72
歪んだ窓空間, 128
左手系, 165
ひねられた接合, 115
表面の光学的性質, 53
ピンホール, 7
ピンホールカメラ, 7
ファラデー, 153
フィルター, 141
付加情報, 49
不可能な物理現象, 128
不可能物体, 86, 94
不可能物体の描き方, 95
輻湊角, 137
福田繁雄, 73, 115
複比, 33
部分構造, 121
ブルネル, 153
ブルネレスキ, 174
プロペラ, 155
平行投影, 5
閉集合, 106
並進, 42
並進成分, 46
ペンローズの三角形, 108
ベクトル場, 42
へこみ絵, 2
ヘッドライト, 169
ペッパーの幽霊, 173
変則図形, 85
望遠レンズ, 66
ボロニーニ, 61
ボンゾーの錯視図形, 57

マ

マジック, 160
マジックの種, 62
マジックロード, 63
マラソンの中継, 67
見かけの密度, 79
右手系, 165
密度変化, 80
ミューラー・リヤーの錯視図形, 57
向き, 165
面光, 42
模様の密度, 52, 79

ヤ

ユークリッド座標, 22

ラ

螺旋, 149
ラベル, 87
ラベルの組合せ, 91
ランダムドットステレオグラム, 138
立体計測, 42
立体錯視, 131
立体視, 37
立体実現可能性, 104
立体実現問題, 106
立体の解釈, 92
粒状模様, 52
両眼立体視, 39, 135
稜線, 86
輪郭線, 87
ロバスト, 170
ロバスト性, 171

著者略歴

杉原厚吉
(すぎはら こうきち)

1948 年　岐阜県生まれ
1973 年　東京大学大学院工学系研究科計数工学専門課程修士課程修了
現　在　東京大学大学院情報理工学系研究科数理情報学専攻教授・工学博士
著　書　『不可能物体の数理』(森北出版, 1993)
　　　　『計算代数と計算幾何』(共著, 岩波書店, 1993)
　　　　『計算幾何工学』(培風館, 1994)
　　　　中公新書『理科系のための英文作法』(中央公論社, 1994)
　　　　情報数学講座 13.『グラフィックスの数理』(共立出版, 1995)
　　　　科学であそぼう 12.『だまし絵であそぼう』(共著, 岩波書店, 1997)
　　　　『FORTRAN 計数幾何プログラミング』(岩波書店, 1998)
　　　　工系数学講座 4.『工学のための応用代数』(共著, 共立出版, 1999)
　　　　『どう書くか』(共立出版, 2001)
　　　　『データ構造とアルゴリズム』(共立出版, 2001)
　　　　Machine Interpretation of Line Drawings (The MIT Press, 1986)
　　　　Spatial Tessellations ——Concepts and Applications of Voronoi
　　　　　Diagrams, 2nd Edition （共著, John Wiley & Sons, 2000)

立体イリュージョンの数理　　　著　者　杉原厚吉 ⓒ 2006
Mathematics in 3D Visual Illusion

2006 年 2 月 15 日　初版 1 刷発行　　発行者　南條光章
2006 年 12 月 25 日　初版 2 刷発行　　発　行　共立出版株式会社
　　　　　　　　　　　　　　　　　　　　　東京都文京区小日向 4 丁目 6 番 19 号
　　　　　　　　　　　　　　　　　　　　　電話　東京 (03) 3947-2511 番（代表）
　　　　　　　　　　　　　　　　　　　　　郵便番号 112-8700
　　　　　　　　　　　　　　　　　　　　　振替口座 00110-2-57035 番
　　　　　　　　　　　　　　　　　　　　　URL http://www.kyoritsu-pub.co.jp/

　　　　　　　　　　　　　　　　　　印　刷
　　　　　　　　　　　　　　　　　　製　本　啓　文　堂

　　　　　　　　　検印廃止　　　　　　　　　　　社団法人
　　　　　　　　NDC 414.6,757　　　　　　NSPA　自然科学書協会
　　　　　　ISBN 4-320-01805-2　　　Printed in Japan　会員

JCLS　<㈳日本著作出版権管理システム委託出版物>
本書の無断複写は著作権法上での例外を除き禁じられています。複写される場合は，そのつど事前に
㈳日本著作出版権管理システム (電話03-3817-5670, FAX 03-3815-8199) の許諾を得てください。

学習・研究・実務の好パートナー（辞典／事典／公式・用語集）

人工知能学事典
人工知能学会 編
B5・996頁・上製函入・定価23100円

2006年に人工知能学会創設20周年を迎える記念事業の一つとして学会の総力を結集し、人工知能の広範・多岐にわたる分野を「人工知能学」として整理・集大成。厳選された19の大項目、大項目の説明を補強する427の小項目、大項目と小項目に関連する興味深い96の囲み記事を、総勢277名が執筆。

素数大百科
Chris K. Caldwell 編著／SOJIN 編訳
A5・408頁・上製・定価6090円

本書の原本は書物ではなく、時々刻々と改訂されているWebページ "The Prime Pages" を、書物としての利便性を考慮して独自に再構成を行い、極力最新のデータを取り入れて翻訳。ユークリッドから現代のメルセンヌ素数探索プロジェクトにいたるまで、素数に関するあらゆる知識を網羅した百科事典。

生態学事典
編集：巌佐 庸・松本忠夫・菊沢喜八郎・日本生態学会
A5・708頁・上製・定価13650円

7つの大課題〔基礎生態学、バイオーム・生態系・植生、分類群・生活型、応用生態学、研究手法、関連他分野、人名・教育・国際プロジェクト〕のもと、298名の執筆者による678項目の詳細な解説を五十音順に掲載。生物や環境に関わる広い分野の方々に必読必携の事典。

Oxford 分子医科学辞典
Constance R. Martin 著
瀬野悍二・奥山明彦 監修
B5・1162頁・上製函入・定価59850円

Oxford University Press刊 "Dictionary of Endocrinology and Related Biomedical Sciences" の完全翻訳版。略語、同義語、別名に加え、科学的な議論に欠かせない化学式と2050点を超える化学構造式、各種塩基配列・アミノ酸配列をふんだんに盛り込んだ辞典。

数学 英和・和英辞典 小松勇作 編	B6・定価3360円	**分析化学辞典** 分析化学辞典編集委員会 編	A5・定価39900円
数学小辞典 矢野健太郎 編	B6・定価5250円	**細胞生物学辞典** 第2版 J.M.Lackie・J.A.T.Dow 編著／林 正男 訳	四六・定価8400円
共立 総合コンピュータ辞典 第4版 日本ユニシス 編	A5・定価30450円	**食品安全性辞典** 小野 宏・小島康平・斉藤行生・林 裕造 監修	A5・定価10500円
コンピュータ英和・和英辞典 第3版 日本ユニシス 編	B6・定価7350円	**医用放射線辞典** 増補第3版 医用放射線辞典編集委員会 編	B6・定価9870円
AI事典 第2版 土屋 俊 他編	A5・定価9450円	**ハンディー版 環境用語辞典** 第2版 上田豊甫・赤間美文 編	B6・定価3360円
情報セキュリティ事典 土居範久 監修	B5・定価26250円	**沿岸域環境事典** 日本沿岸域学会 編	A5・定価4095円
結晶成長学辞典 結晶成長学辞典編集委員会 編	A5・定価8925円	**電子情報通信英和・和英辞典** 平山 博・氏家理央 編著	B6・定価7875円
化学大辞典 全10巻 化学大辞典編集委員会 編	B6・定価各6300円	**認知科学辞典** 日本認知科学会 編	A5・定価36750円
学生 化学用語辞典 第2版 大学教育化学研究会／上田・赤間 改訂	ポケット・定価2415円	**デジタル認知科学辞典** 日本認知科学会 編	A5・定価12600円

◆ 公式・用語集 ◆

共立 数学公式 附函数表 改訂増補 泉 信一 他編	ポケット・定価3990円	**地質学用語集** —和英・英和— 日本地質学会 編	B6・定価4200円
新装版 数学公式集 （共立全書 138 改題） 小林幹雄 他共編	A5・定価2625円	**工学公式ポケットブック** K.Gieck 著／太田 博 訳	A6・定価3990円
共立 化学公式 妹尾 学 編	B6・定価3990円		

〒112-8700 東京都文京区小日向4-6-19
http://www.kyoritsu-pub.co.jp/

共立出版

TEL 03-3947-2511／FAX 03-3947-2539
郵便振替口座00110-2-57035（価格は税込）